不老經濟

第一本探討銀髮生活產業的專書！

同理新世代高齡者
6大「怕」點

✕

精選40個商業實例
成功開創銀色新商機

詹文男、高雅玲、劉中儀、侯羽穎
合著

【專文導讀 1】

給你老不怕，讓你不怕老

「至 2026 年，台灣 65 歲以上的人口占比預估會超過 20%，正式進入超高齡社會⋯⋯85 歲以上的人口數，將超過 50 萬人⋯⋯每 5 人就有 1 人超過 65 歲。」這是台灣人口未來年表的預測情境。雖然距離 2026 年還有 6 年的時間，但這樣的預測情境，其實早就在台灣的幾個鄉鎮形成，例如台東市東河鄉的高齡化比率，在 2014 年就達到 19.4%，已經是超高齡社會。

人們的預期壽命，隨著醫療科技的進步而逐漸增加，二次大戰後至今的平均壽命延長了約 20 年。根據國發會的人口推計報告顯示，2019 年台灣男性的預期壽命為 77.6 歲，女性為 84.2 歲，如果從 65 歲的退休線起算，表示人們擁有越來越漫長的老年生活，男性還擁有 13 年，女性則逼近 20 年；而隨著時代觀念的演變，提前在 55 歲至 60 歲之間跨入退休生活的人也不少，這意味著：「邁入高齡生活者」與「高齡生活者」有 20 年至 30 年的社會生活需求。

許多國際組織呼籲，全球要重視人口老化問題、了解高齡化社會的需求、學習如何打造一個適老顧老的社會環境，創造「青銀共創、跨齡共生」的未來生活圈。然而，近世代高齡者受惠於醫療科技的發達，比上世代高齡者更長壽，但孤老獨居的情況卻比過去更嚴重。忽略關懷高齡者友善生活空間的結果，反而讓我們缺少看見高齡者需求的視野，也忽視高齡者的消費行為與商機。

　　當大多數的社會機制聚焦在高齡者的醫護安養、終老關懷之際，不妨讓我們擴大視野，觀察熟齡初老族群的需求，為他們創造一個邁向健康餘命的友善生活空間。很高興看到本會產業情報研究所（MIC）從高齡商機的議題切入，分析 40 家成功發展銀髮事業的企業案例，透過 MIC 累積 30 多年的精實產業技術研究能量，萃取出值得台灣產業借鏡與啟發的精髓。期許本書能為台灣企業帶來啟發，開啟觀察高齡社會需求商機的另一扇窗。

財團法人資訊工業策進會執行長

卓政宏

2020 年 6 月

【專文導讀 2】

迎向不老的超高齡社會

2018 年對台灣而言是個很具指標性的一年。這年台灣正式進入「高齡社會」。所謂「高齡社會」是指「65 歲以上人口占總人口比例超過 14%」，約每 7 個人中就有 1 位是高齡者。預估在 2026 年，國內 65 歲以上人口將超過 20%，台灣社會將正式進入「超高齡社會」，屆時，每 5 人當中就會有一位是高齡人士。全球也是如此，根據聯合國《2019 世界人口展望》調查顯示，2030 年歐洲與北美 65 歲以上人口將占 22%，形成一個龐大的市場區隔，值得各界的重視與開拓。

為了讓廠商對此一潛力市場有完整的認識與掌握，資策會產業情報研究所（MIC）的產業前瞻研究團隊，特別針對這些新世代高齡者的心理與生理需求進行分析，拆解出高齡消費者對自身未來生涯關心的幾個重要議題，包括怕生病、怕沒錢、怕無聊、怕尷尬、怕無能為力及怕死後不安等，同時提供解決這些問題的商業應用個案作為案例，提供想要進軍此一市場的企業參考。期望這本書能夠喚起大家對高齡商機的重視，並開始展開行動，為即將到來的超高齡社會做好超前部署。

此書的完成，除了要感謝資策會 MIC 產業前瞻研究團隊同仁的參與研究及內容撰寫之外，也要感謝城邦媒體集團何飛鵬首席執行長及商周出版同仁的全力協助，這本書才有機會能夠順利出版。

同時，藉此機會也要感謝具名推薦此書的所有產、學、研、醫的專家，包括智榮基金會施振榮董事長、金仁寶集團許勝雄董事長、統一數

位翻譯方振淵董事長、台塑石化股份有限公司陳寶郎董事長、新光保全林伯峰董事長、PChome Online 網路家庭詹宏志董事長、中國醫藥大學暨醫療體系蔡長海董事長、政大創造力講座暨名譽教授吳靜吉博士、義守大學陳振遠校長、中臺科技大學李隆盛校長、逢甲大學人言講座許士軍教授、資策會與工研院董事長李世光博士、弘道老人福利基金會李若綺執行長、長庚紀念醫院北院區失智症中心徐文俊主任、台大醫院外科加護病房周迺寬主任、台北榮民總醫院高齡醫學中心陳亮恭主任等。

　　這些專家有些是在高齡領域進行相關醫學研究或者治療高齡族群的相關病症，部分則是投入銀髮消費市場研究或者提供高齡族群相關產品服務多年，其中有些則是獻身老人社會福利工作，對台灣進入高齡社會的超前部署投入了相當的心力！更有部分的專家領袖，雖已超越「從心所欲，不逾矩」的年紀，但仍舊活力充沛地活躍於產業界及學術界，他們本身即是「不老經濟」的代表，也是本書所研究描繪族群的標竿典範。

　　尤其要特別感謝統一數位翻譯方振淵董事長的推薦及撰寫序言。方董事長今年（2020）93 歲，其曾擔任台北市翻譯公會理事長及中華民國國際運動舞蹈發展協會理事長，更曾籌劃設立台北北門扶輪社，致力參與社會服務。自 2011 年起，他每年應邀於 WDC 職業國際標準舞世界大賽擔任表演貴賓至今。誠如其在序言中所言：「高齡者一樣能活得精彩非凡」！方董事長精彩的樂齡人生，值得大家參考學習！

資策會產業情報研究所

資深產業顧問兼所長

詹文男

【推薦序 1】

高齡者一樣能活得精彩非凡

　　台灣將於 2026 年邁入「超高齡社會」，未來，高齡族群的相關議題勢必日形重要。對銀髮產業而言，如何提升高齡人口的生活品質，亦顯得至為關鍵。

　　我今年（2020）已經 93 歲，一般人或許難以想像，如今我每年仍受邀出席「WDC 職業國際標準舞世界大賽」，在台北小巨蛋擔任表演貴賓。70 多歲時，我曾為老年人的通病「退化性膝關節炎」所苦，直到 2006 年開始接觸國際標準舞，才讓長期困擾我的關節炎逐漸解除痛楚，並且從國標舞找到人生的另一樂趣。

　　常有人問我，是否有養生祕訣？其實，最重要的首先是保持運動的好習慣，學國標舞就是一例。學習國標舞可以強化膝關節附近的肌肉韌帶，而強化後的肌肉能減少關節的負荷。因為持續且耐心地練舞，很神奇的，原本的關節痛楚竟不藥而癒了。

　　除了運動，再來就是注意飲食。每餐攝取適量的蔬菜水果，至於油炸物、咖啡、茶、冰水、酒類等刺激性食物、飲料則敬而遠之。此外，還有持續做自己喜愛的工作。我於 1966 年成立的「統一翻譯社」，隨著台灣產業發展，擴大業務改組為「統一數位翻譯股份有限公司」，至今我依然秉持對語文的堅持、翻譯的熱情及傳遞知識的使命感經營這家公司。因此，53 年來不曾怠忽職守，除了出國旅遊，每天快樂上班。

　　本書的重點即在於詳細分析銀髮族的「生活產業」，從闡述銀髮產

業形成的背景與現況、新一代高齡者的特徵到高齡者最擔憂的議題，諸如怕生病、怕沒錢、怕無聊、怕尷尬、怕無能為力、怕死後不安等等。最後提供解決這些議題的企業個案分析，讓關注銀髮產業的人士更加了解高齡族群的需求。面對未來高齡化的趨勢，相信本書一定能為台灣企業帶來更多啟發及造福人類的機會。

高齡者的需求並非只有長期照護，食衣住行育樂的生活面向也應同等重視。這不僅是個人的問題，而是國家、政府整個社會應早日籌謀面對的課題。欲了解即將面對的局面，本書提供了不可多得的珍貴資料與見解。

「不老經濟」取為書名，真是絕配！

咱們都期盼早日出版、大家分享！

統一數位翻譯股份有限公司董事長

方振淵

【 推薦序 2 】

我們為高齡、單身的未來預備好了嗎？

　　這是一本探討「高齡商機」的書籍。作者群透過各種趨勢資料與本土調查結果，勾勒出現在與將來高齡者的需要。過去因為平均年齡不高，咸認高齡者消費力低，或是往往在有需求時高齡者已經生病受傷發生意外等等原因，以致於高齡「商機」難以捉摸。然而，隨著社會高齡化，健康狀況因醫療水平提高而改善，我們應當轉念而真實面對。

　　本書主要作者是資策會產業情報研究所（MIC）詹文男所長，著有《2025 台灣大未來》，對於未來趨勢自是專長。此書同時也藉由現有之商業模式，提供了思考的素材給讀者。

　　以我個人的專業領域失智症而言，從預防失智症到初期失智症，對於財務管理、照護系統的建立、生活照顧，皆需要耗費不少人力與物力，而這都是商機所在，是值得思考的方向。書中提到的「健腦 APP」即是一例。

　　幾年前，我聽過彭蒙惠老師演講，她是一位奉獻台灣的基督教傳教士及教育家，高齡 93 歲未婚。演講結束時，有人提問彭老師對於單身的看法。她說，她嫁給了上帝，所以覺得單身很好。最後，她補充了一句很重要的話。她說：其實每一個人在終老前，幾乎都是要單身的，因此我們應當心裡要有準備。這句話大大地提醒了，我們為單身的未來預備好了嗎？高齡商機不能等到高齡者 90 歲才開拓，而是及早預備的階段就該開始。

這是一本值得推薦的書。受邀推薦是我的榮幸。

長庚紀念醫院北院區失智症中心主任

瑞智社會福利基金會董事長／執行長

徐文俊

目　錄
Contents

PART 2 企業案例篇
高齡者6大「怕」點與解決方案 090

【前言】

商機，始終來自於人性！

　　2007 年弘道老人福利基金會發起「挑戰八十、超越千里──不老騎士歐兜邁環台日記」活動，他們當時帶領了 17 位平均 81 歲的不老騎士，完成機車環台的創舉。有家銀行看到這則令人感動的故事，改編成《夢騎士》的廣告，傳達高齡老者也能追逐夢想、挑戰不可能的觀念。每當演講或上課分享這段影片時，在座高齡的朋友心中都很激動。

　　事實上，這幾年有關老人追逐夢想的影片和故事很多，顯然大家已逐漸注意到這塊市場。根據預估，台灣將在 2026 年進入「超高齡社會」，亦即 2026 年超過 65 歲的人口將占台灣總人口的 20%，因此有人認為，未來長期照護等社會福利制度，將是社會安全網必要的一環。事實上，對於台灣的永續發展而言，高齡少子化所帶來的衝擊並不只有社會安全網而已，其所帶來的人口減少的議題，更牽動了整體產業的興衰。

　　根據統計，雖然目前我國總人口仍在成長，但於 2019 年已到達頂峰，其後總人口數即開始減少。而從 14 ～ 65 歲的勞動力人口來看，勞動力總數已於 2012 年達到頂峰並開始反轉向下。此一趨勢對於國內消費內需與勞動供給都將產生影響，包括勞動力人口減少，導致生產力持續弱化；各級產業勞動力高齡化情形普遍，風險逐漸增加；內需市場規模萎縮，入境人數也難以彌補少子缺口；而台灣人口退休後平均餘年遠高於先進國家，勞動力未能有效發揮，其消費需求也未獲滿足，凡此種種議題逐漸浮現。

　　不過，雖然高齡社會的到來有許多的議題需要被解決，但所形成的市場也相當可觀，而且是全球性的商機，廠商絕對不能錯過。本書即針對希望了解銀髮商機的讀者所編，內容分為 3 大篇章：第 1 篇，闡述高齡商機形成的背景與現況，並分析新世代高齡者的圖像；第 2 篇，從高齡世代的需求著手，分析高齡世代最擔心的一些議題，包括怕生病、怕沒錢、怕無聊、怕尷尬、怕無能為力及怕死後不安等，同時例舉與這些議題相關的產品或服務的個案分析；結語部分除了總結全書，也提供想進軍此市場的人，有關高齡議題解決方案的規劃方向。

　　期待本書的出版能讓社會和產業更加重視高齡化社會所將面臨的問題，並將危機轉為契機，透過需求的掌握與解決方案的提供，進一步提升高齡人口的生活品質，也為產業的轉型與發展提供一條新的路徑！

PART

1

背景知識篇

銀髮商機大爆發

01
機不可失的高齡商機

銀色風潮席捲全球

2018 年，對台灣社會來說是很具指標性意義的一年，這年台灣正式進入「高齡社會」。所謂的「高齡社會」是指「65 歲以上老年人口占總人口比例超過 14%」，即約每 7 個人當中就有 1 位是高齡者。人口高齡化在台灣已是個不爭的事實。「人口」是一個國家組成的基本要素，人口的質、量、結構皆蘊含許多重要的訊息，長期以來，人們的婚育、生死、遷徙等行為，在時間的積累下改變了人口結構，對家庭組成、社會福利、醫療保健、年金等社會保障體制帶來衝擊與挑戰，但同時也蘊含著商機。

生育率下降＋平均壽命增長＝人口老化

根據 2019 年 6 月聯合國所發布的《2019 世界人口展望》（World Population Prospects 2019）的研究，到了 2050 年時，全球大約會有 97 億人，將比現在多出約 20 億人。但讓人憂心的是，儘管人口總數持續增長，但增長趨勢卻因生育率的降低而逐漸趨緩。預計 2100 年時，人

口將來到 109 億的新高點，可是人口增長的速度卻呈現接近零成長的狀態，只剩下 0.1%。該報告指出，人口之所以會持續增長，與「生育率下降」和「高齡人口增加」這兩項趨勢有關。

　　生育率的部分，1990 年時全球每位婦女生平均生育 3.2 個嬰孩，但到 2019 年則下降至 2.5 個嬰孩，預估至 2050 年只剩下 2.2 個嬰孩，接近替代生育水準 2.1 的邊緣（表 1-1），一旦低於此水準，人口便無法長期維持穩定狀態，終將逐漸萎縮。同時，人均預期壽命方面，卻從 1990 年的 64.2 歲延長至 2019 年的 72.6 歲，2050 年時更可望增壽至 77.1 歲，特別是社經發展較為先進的歐洲和北美地區，平均預期壽命更從 1990 年的 73.5 歲，到 2019 年的 78.7 歲，再延長到 2050 年的 83.2 歲（下頁表 1-2）。人們更為長壽，也使得老年人的總數和占比持續增長，讓人口結構往高齡化的方向變遷。

表1-1　全球每位婦女平均活產數

區域	每位婦女平均活產數（單位：個）			
	1990年	2019年	2050年	2100年
全球	3.2	2.5	2.2	1.9
非洲（撒哈拉沙漠以南）	6.3	4.6	3.1	2.1
北非和西亞	4.4	2.9	2.2	1.9
中亞和南亞	4.3	2.4	1.9	1.7
東亞和東南亞	2.5	1.8	1.8	1.8
拉丁美洲和加勒比	3.3	2.0	1.7	1.7
澳洲和紐西蘭	1.9	1.8	1.7	1.7
大洋洲	4.5	3.4	2.6	2.0
歐洲和北美	1.8	1.7	1.7	1.8

資料來源：聯合國，《2019世界人口展望》，MIC 整理，2020 年 2 月

表1-2 全球預期壽命推估

區域	預期壽命（單位：歲）								
	1990年			2019年			2050年		
	男性	女性	兩性	男性	女性	兩性	男性	女性	兩性
全球	61.9	66.5	64.2	70.2	75.0	72.6	74.8	79.4	77.1
非洲（撒哈拉沙漠以南）	47.7	51.1	49.4	59.3	62.9	61.1	66.3	70.8	68.5
北非和西亞	62.8	67.6	65.1	71.6	76.0	73.8	76.6	80.6	78.5
中亞和南亞	57.9	59.2	58.6	68.5	71.3	69.9	73.3	77.1	75.2
東亞和東南亞	66.7	71.0	68.8	74.0	79.2	76.5	78.8	82.9	80.8
拉丁美洲和加勒比	65.0	71.3	68.1	72.3	78.7	75.5	78.5	83.2	80.9
澳洲和紐西蘭	73.6	79.7	76.7	81.3	85.2	83.2	85.4	88.7	87.1
大洋洲	58.0	61.1	59.5	65.1	68.2	66.6	69.3	73.4	71.3
歐洲和北美	69.6	77.3	73.5	75.7	81.7	78.7	80.9	85.5	83.2

資料來源：聯合國，《2019世界人口展望》，MIC 整理，2020 年 2 月

2050 年多數地區皆邁入高齡社會

　　《2019 世界人口展望》同時也研析了 1990 ～ 2100 年 65 歲以上高齡人口占總人口的比例變化，如表 1-3 結果顯示，全球各年齡層的人口當中，65 歲以上年齡人口增長最為迅速，預計到 2050 年時，每 6 個人中就有 1 位超過 65 歲以上（占 15.9%），超過高齡社會所定義占比達 14% 的標準，而其中歐洲和北美（26.1.%）、東亞和東南亞（23.7%）、澳洲／紐西蘭（22.9%）人口老化的情形又更加嚴重，可說全球約有 1/4 左右的人年齡是在 65 歲以上。

　　另外，由報告中所繪製的 1990、2019、2050 年世界人口老化演變圖（頁 24 圖 1-1）中也可了解，顏色越深的地方即是人口老化越較為嚴重的地方，到 2050 年時，只剩下撒哈拉沙漠以南的非洲地區相對較為

表1-3　全球65歲以上老年人口占總人口比例

區域	65歲以上老年人口占總人口比例（單位：%）			
	2019年	2030年	2050年	2100年
全球	9.1	11.7	15.9	22.6
非洲（撒哈拉沙漠以南）	3.0	3.3	4.8	13.0
北非和西亞	5.7	7.6	12.7	22.4
中亞和南亞	6.0	8.0	13.1	25.7
東亞和東南亞	11.2	15.8	23.7	30.4
拉丁美洲和加勒比	8.7	12.0	19.0	31.3
澳洲和紐西蘭	15.9	19.5	22.9	28.6
大洋洲	4.2	5.3	7.7	15.4
歐洲和北美	18.0	22.1	26.1	29.3

資料來源：聯合國，《2019世界人口展望》，MIC整理，2020年2月

年輕，其餘地區都出現人口老化的情形，顯見2050年時全球多數的地區都已進入高齡社會，龐大的老年族群，將使當地的醫藥健康與社會保障體系帶來極大的壓力。

人口老化已是全球共同的問題

　　有鑑於人口結構變化對社會、經濟、文化、教育等領域將產生劇烈且深遠的影響，聯合國於1982年在維也納召開「第一屆高齡問題世界大會」，提出《老年問題國際行動計畫（1982－2002）》，並認為人口老化的情形並非已開發國家特有的現象，而是全球共通性的課題，需要各國齊力重視。

　　之後又陸續召開相關會議，並將1991年起每年的10月1日訂定為「國際老人日（International Day of Older Persons）」，藉由國際老人日

圖1-1 1990、2019、2050 年世界人口老化演變圖

1990 年

65 歲以上總人口比例
- 15%以上
- 10～15%
- 5～10%
- 小於5%
- 無數據

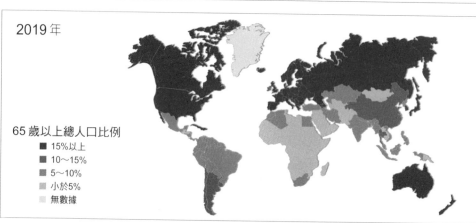

2019 年

65 歲以上總人口比例
- 15%以上
- 10～15%
- 5～10%
- 小於5%
- 無數據

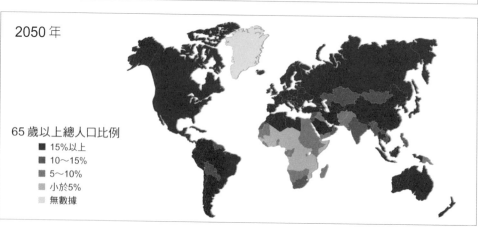

2050 年

65 歲以上總人口比例
- 15%以上
- 10～15%
- 5～10%
- 小於5%
- 無數據

資料來源：聯合國，《2019世界人口展望》，MIC 整理，2020 年 2 月

每年設定不同的主題（表 1-4），像是老人貧困、社會參與、年齡歧視、友善的城市生活空間、老年人權等，來喚起各界對於老年人生活、社會、權益等方面的關注。

表1-4　歷年國際老人日主題

西元年	主題設定
1999	建立不分年齡，人人共享的社會
2002	讓老年人融入發展過程中
2004	任何年齡都有未來
2005	新千禧年的高齡化問題：重點在貧困、老年婦女和發展
2006	提高老年人的生活品質，促進聯合國全球戰略
2007	關注高齡問題的挑戰和機遇
2008	為老年人服務與老年人社會參與
2009	慶祝國際老人日十周年，建立不分年齡人人共享的社會
2010	老年人和實現千禧年發展目標
2012	啓動馬德里+10：全球老齡化的機遇與挑戰日增
2013	我們期望的未來：老年人的心聲
2014	不丟下一個人：促進一個人人共享的社會
2015	城市環境中的永續性與年齡包容性
2016	反對年齡歧視
2017	迎向未來，發掘老年人的才能，提升其社會貢獻度與參與度
2018	倡議老年人享有人權
2019	年齡平等之旅

資料來源：聯合國，MIC 整理，2020 年 2 月

既國際化又在地化的議題

從國際老人日琳瑯滿目的主題當中不難理解，人口老化是一個既廣且深又錯綜複雜的議題。不僅全球有全球的趨勢，各國之間彼此又有所不同，乃至一國之內的各個地區，又有更細緻的差異。

富老與窮老

美國退休協會（American Association of Retired Persons, AARP）是美國最大的非盈利老年人組織，約有 3800 萬會員，平均年齡超過 65 歲，其積極向政府部門發聲，以提高各界和各地區對老年問題的重視，並反映公眾的意見，爭取高齡者權益，促進立法，協助高齡者能達到獨立、尊嚴、自主的生活。

AARP 協會為了解全球 60 歲以上人口大規模增加所帶來的各種挑戰和機遇，掌握各國在應對高齡化課題方面所做的準備與競爭力情形，進行研究調查並據此發布《高齡問題準備與競爭力報告》（Aging Readiness and Competitiveness Report, ARC Report），其於 2018 年的報告比較分析了 12 個國家（美國、加拿大、德國、英國、日本、以色列、韓國、土耳其、巴西、墨西哥、中國、南非），約占全球經濟的 61% 與 47% 的高齡者人數。

該報告比較 2015 年老年人口占比與國民人均收入高低後發現，大致可以分為「富老」與「窮老」這兩大類型（圖 1-2）。許多歐美先進國家，雖然老年人占比較高，但相對國民收入水準也較高。亞洲國家當中，日本、韓國雖然老化的情形較為嚴重，但國民收入水準尚屬中等程

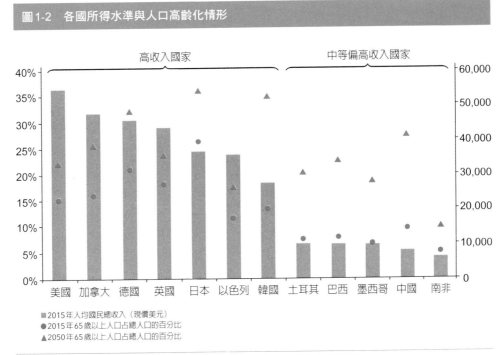

圖1-2　各國所得水準與人口高齡化情形

資料來源：AARP，《Aging Readiness and Competitiveness Report 2017》，MIC 整理，2020 年 2 月

度，而中國大陸則是呈現「未富先老」的情形，也就是說中國大陸熟齡
市場的主力客群即年長者，並不是不想消費，更可能是無力消費。

早老與晚老

除了「富老」與「窮老」的差異外，各國人口結構開始老化的時間
點也大不相同，部分國家在 1970 年以前，甚至是 1930、1950 年代就已
經跨越高齡化社會的門檻，是屬於「早老」的一群，包括：英國、德國、
加拿大、美國、日本、以色列等國，而部分國家（主要是中低收入國家）
則是在 2000 年後才陸續超過 7%，是屬於「晚老」的一群，包括：韓國、

土耳其、中國、巴西、墨西哥、南非。

　　另一個差異則是人口結構老化的速度，比較各國「高齡化社會→高齡社會→超高齡社會」的時間點與時間差將會發現（圖1-3），從「高齡化」（>7%）進展到「高齡」（>14%）社會，美國歷時了70年，英國45年，德國40年，日本歷時25年，而巴西和中國則僅有20年的時間就已經進入高齡社會，顯示各國人口老化的速度不一，國家財政、社會保障體系，乃至基礎設施的高齡友善化等所能準備的時間也相對縮短許多，要在這類地區謀求銀髮市場商機，也得多了解當地的狀況才行，不能一概而論地思考市場環境。

圖1-3　各國人口高齡化進程之時點比較

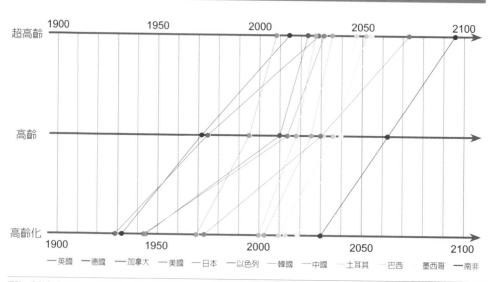

備註：高齡化（Aging）、高齡（Aged）、超高齡（Super-aged）之劃分，係以65歲以上老年人口占總人口的比例達到7%、14%、20%為基準
資料來源：AARP，《Aging Readiness and Competitiveness Report 2017》，MIC整理，2020年2月

成熟應對高齡課題的日本

在 ARC Report 報告中，AARP 協會逐項比較各個國家因為人口高齡化所面臨的壓力與機會，並以 4 個主要構面進行評比：（1）社區與社會基礎設施，（2）生產機會與經濟產出，（3）科技參與，以及（4）醫療保健與健康，並以「領先者」、「急起直追者」、「落後者」來比較各個國家的表現（圖 1-4）。

圖1-4　各國高齡化準備與競爭力綜合評比結果

	社區與社會基礎建設	生產機會與經濟產出	科技參與	醫療保健與健康
美國	◆	◆	★	▲
加拿大	★	◆	◆	◆
德國	★	◆	★	★
英國	◆	★	◆	◆
日本	★	★	★	★
以色列	★	◆	◆	◆
韓國	◆	★	◆	◆
土耳其	◆	▲	▲	◆
巴西	◆	▲	▲	▲
墨西哥	▲	▲	▲	▲
中國	◆	▲	◆	◆
南非	▲	▲	▲	▲

★ 領先者　◆ 急起直追者　▲ 落後者

資料來源：AARP，《Aging Readiness and Competitiveness Report 2017》，MIC 整理，2020 年 2 月

　　所謂的「社區與社會基礎設施」是社會對於老年人口最根本的支持系統，是各國在支持高齡者活躍老化，改善銀髮族獨居、社會孤立、自殺風險等問題方面的表現，目的在促進高齡者進行社會參與及維繫身心健康。

　　「生產機會與經濟產出」方面，則是比較各國在增進、改善高齡者的工作技能與雇用機會，讓高齡者得以繼續參與勞動，避免高齡歧視問題的發生。

　　「科技參與方面」則是認為當今新興科技技術的進步，將可望有效改善高齡者的經濟、社會參與及健康問題，降低成本，提升可及性。就落後者而言，如何有效提升高齡者的數位素養，拓展科技應用市場，減少高齡數位文盲的比例，即是改善的重點。

　　最後「醫療保健與健康」方面，則是關注各國高齡者的健康狀況。由於醫療資源分配不均，各國存在著顯著的差異，因此透過比較各國預防、促進健康生活型態的方式，可進一步思考如何建構完善的長期照護福利制度，維繫高齡者的生活品質與健康方面的準備情形。

　　綜合比較 12 國的結果發現，面對人口高齡化所帶來的機遇與挑戰，人口老化速度極快的日本，在應對大量高齡課題的準備度與競爭力方面，是表現最優異的國家，其次是德國，但德國是從 1930 年代就開始人口老化，整體產業、經濟活動乃至社會制度，已歷經了漫長時間的調適，而日本則是 1970 年代才開始老化，雖然相對較晚開始面臨高齡課題，但因老化速度驚人，在準備度與競爭力上能獲國際肯定，也是十分不容易。

人口老化是危機，也是商機

人口轉型，促使經濟型態轉變

即便聯合國大聲疾呼各國關注高齡化對經濟與社會所帶來的影響與衝擊，多數國家應對高齡化浪潮來襲的準備還是相當不足，其中最大的關鍵點在於人們對於「人口少子高齡的趨勢難以在短期之內就產生扭轉，經濟增長的動能終將會由『人口增長』轉為『人口減少』」的體認還不夠。

過去半世紀以來的人口持續增長，為消費市場、政府稅收帶來了良好的基礎，政府有充裕的財政收入，提供國民健康醫療保險及養老年金等福利措施，也有充足的經費可積極布建各式國民經濟與生活所需的基礎建設，創造就業機會，形成一個經濟正向發展的良性循環（下頁圖1-5）。

然而如此的良性循環，卻在生活環境改善、醫療公衛水準提升、工業化與都市化、節育觀念普及、教育程度提升等因素的交互影響下，一般來說會出現4階段的轉型：（1）高穩定階段：出生率高、死亡率高，自然增加率低，人口數穩定；（2）早期擴張階段：出生率高、死亡率下降，自然增加率高，人口成長增快；（3）晚期擴張階段：出生率下降、死亡率低，自然增加率下降，人口成長趨緩；（4）低穩定階段：出生率低、死亡率低，自然增加率趨近零成長，或甚至是負成長，人口數穩定或開始減少。

一旦進入到人口持續減少的狀態下，勞動力人口（15～64歲）要扶養為數眾多的高齡人口，沉重的養老年金、醫療保險支出增加，中央

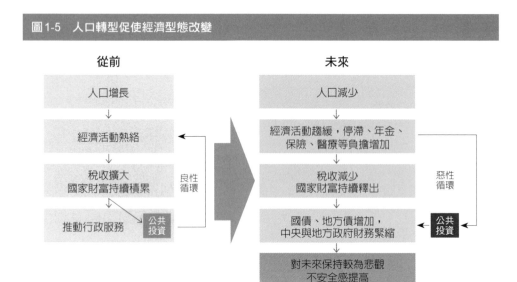

圖1-5　人口轉型促使經濟型態改變

從前

人口增長
↓
經濟活動熱絡
↓
稅收擴大
國家財富持續積累
↓
推動行政服務
公共
投資

良性
循環

未來

人口減少
↓
經濟活動趨緩，停滯、年金、
保險、醫療等負擔增加
↓
稅收減少
國家財富持續釋出
↓
國債、地方債增加，
中央與地方政府財務緊縮
↓
對未來保持較為悲觀
不安全感提高

公共
投資

惡性
循環

資料來源：日本三菱總合研究所（MRI），MIC 整理，2020 年 2 月

與地方政府財政也開始緊縮，形成了不利於公共投資的惡性循環，民眾對未來前景的不安全感提高。如此的人口結構變遷，將帶來勞動力規模與組成的改變、勞動人力資源的改變、內需市場規模與需求改變等（圖1-6）。

　　以日本為例，在少子高齡化的影響之下，已經連續 10 年都處於人口減少的狀態，使得內需市場日益蕭條，使產業技術無人傳承，新興技術吸收力弱化，整體國家社會勞動力不足，使國家、企業甚或個人的投資停滯，人民的儲蓄與納稅能力低落，政府財政窘迫，民間景氣低迷，地方鄉鎮的中心市街喪失活力，因此出現了所謂的「極限村落」。因為人口外流所導致的空洞化、高齡化，喪失社會功能的極限村落，65 歲以上高齡人口占村落總人數的半數以上，當地的商業活動凋零、地方節慶活動難以舉行、大眾運輸系統經營困難、醫療服務機構連年虧損等。因此，日本安倍政府積極推動所謂的「地方創生」政策，作為新興日本

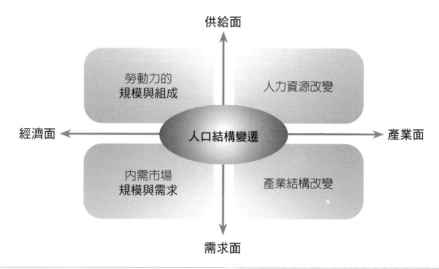

資料來源：MIC 整理，2020 年 2 月

地方治理的新模式，致力於解決勞動力減少、人口過度往東京等大都市集中、地方經濟困窘的問題，打造在地就業機會，創造讓年輕一代可以安心成家育兒的環境。

在迷霧中探索商機之路

人口結構變遷所帶來的影響，其實不僅於此。根據世界經濟論壇（World Economic Forum, WEF）在 2017 年 11 月發表系列「轉型路線圖（Transformation Maps）」（下頁圖 1-7），透過匯集大學、智庫機構、國際組織的觀點，以網路數據分析、人工智慧科技等技術的整合運算，用圖像化的方式，幫助人們了解與釐清諸多當今社會挑戰之間的複雜關係，讓產業、區域、國家、全球議題之間的相互關聯與影響，能更加容

易被理解與認知。

在人口「高齡化」的轉型路線圖中可以發現，人口高齡化將涉及社會福利、公共財政、社會保障體系、人權、青年視角、消費與生活方式、勞動力與就業、創新生態系、都市化、工程與建築、未來交通運輸、未來政府等 23 個變因，彼此相互關聯，產生正向或負向的交互影響，也意味著高齡商機的難以捉摸。

雖說高齡商機難以捉摸，一旦人口減少，內需市場亦將縮小，無論是銀髮商機、單身商機或極強調客製化的精緻服務等，都將讓企業更加

圖1-7 錯綜複雜的高齡化議題

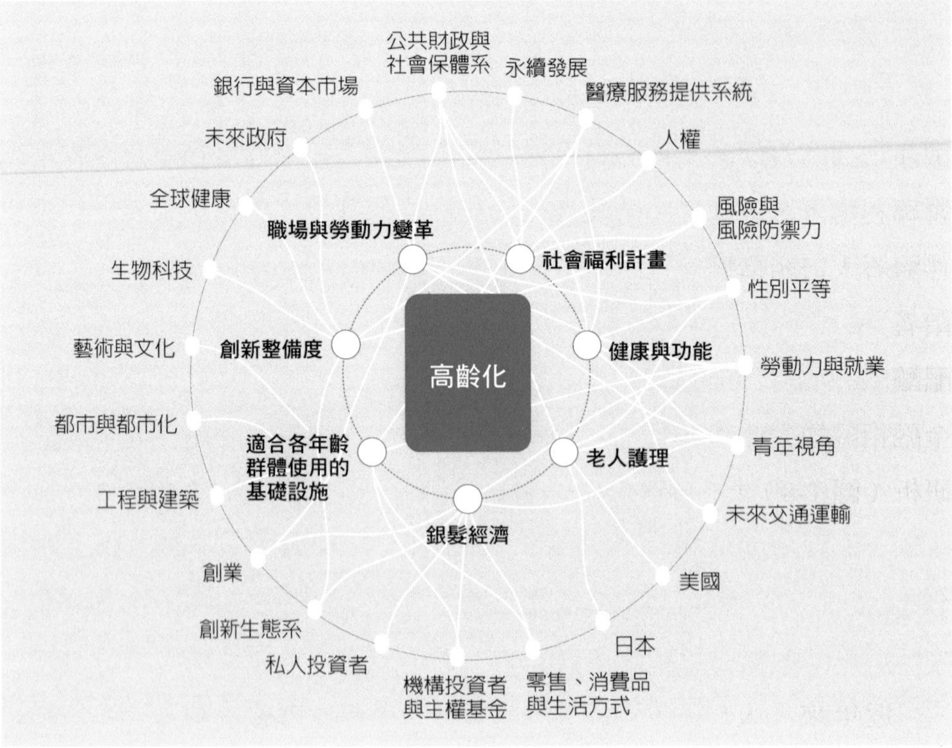

資料來源：WEF，《Transformation Maps》（2018 年 8 月截取），MIC 整理，2020 年 2 月

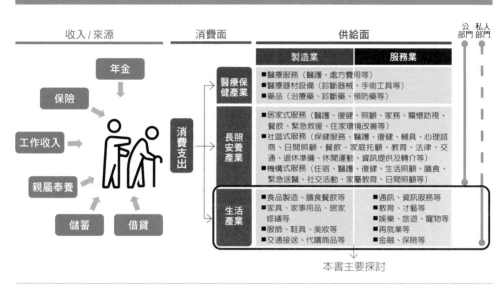

圖1-8　全產業均需面對高齡社會來臨

資料來源：MIC整理，2020年2月

關注人性需求的產品與服務。換言之，掌握銀髮族的高齡消費型態、社會福利需求，以提升高齡者生活品質，將為企業帶來嶄新的商機。因此伴隨著人口結構變遷所帶來的高齡者需求轉變，企業也應開始向「以高齡者為中心移轉（senior shift）」，讓這看似一場危機的人口結構變化，醞釀出全新的商業革命。而本書將探討的高齡商機，將以食衣住行育樂金融相關的生活產業為主，從滿足年長者生活需求（痛點）的角度進行研析（圖1-8）。

銀髮產業呈「半熟」狀態的台灣

近年來「人口老化」、「少子高齡」、「高齡社會」、「超高齡社會」、「銀髮商機」、「銀光經濟」等詞彙，每隔一段時間就會被媒體拿

出來大說特說，行業間的消長與消費行為改變已歷歷可見，如逐漸萎縮的婦產科及小兒科、玩具業、幼教產業、公告停招的院校系所，與逐漸興起的休閒旅遊、寵物業、宗教活動、健康照護等行業。在許多人都對銀髮商機上看兆元抱持樂觀期待時，市場依舊不慍不火，不若想像中的那般出現所謂「大爆發」的情形，反倒是有點雷聲大雨點小的感覺。

和許多「早老」的國家相比，台灣的銀髮產業尚在萌芽階段，群居意識較西方國家強烈的華人世界，正處於從群居邁向獨居的過渡期，縱然有部分企業向高齡者為中心開始移轉，並開發「個人獨享」商品以滿足熟齡人士獨居生活需求，但協助高齡者追求個人自由與自我實現的商品與服務仍顯不足。市場之所以會呈現如此「半熟」的狀態，主要是因為以下原因：

1. 開拓熟齡市場的迫切感不足

一直以來，市場上各種產品與服務，大多是主打青壯消費族群，訴求針對熟齡人士的產品及服務相對較少，即便有也多侷限於醫藥保健、醫材輔具方面。縱使大眾傳播媒體上經常出現台灣人口高齡化的新聞，但市場依舊「無感」，從人口統計數據上來看，熟齡族群需求的被忽略，也是可以理解的事。

假若依據生命週期中個人所處的狀態重新進行年齡層的分群的話，則可劃分出 0 ～ 18 歲、19 ～ 25 歲、26 ～ 55 歲、56 ～ 65 歲、65 歲以上等 5 種族群，其中 0 ～ 18 歲是被養育、接受國民義務教育的階段，沒有積蓄、沒有謀生能力，這個族群的消費活動大多是在 26 ～ 55 歲擔任家庭經濟支柱者的資助之下進行。而 26 ～ 55 歲族群不僅肩負著家庭經濟的重擔，也是消費購物行為中主要的決策者，自然成為業者所想極

力迎合的消費客群。而 19 ～ 25 歲與 56 ～ 65 歲這兩個族群，前者是剛踏入社會，財富累積不豐，後者則是子女成年，買車、買房這種大開銷皆已清償，資產累積雄厚的狀態，雖然都是手頭較為寬裕的族群，但人口總數及占比也是相對較小的。

　　而本書所關注的 65 歲以上高齡人口占比則是節節攀升，其中有幾個時間點值得留意：（1）2022 年：是 0 ～ 18 歲與 65 歲以上人口占比交叉的時刻，65 歲以上熟齡人口比 0 ～ 18 歲嬰幼兒與青少年更多的時刻；（2）2026 年：65 歲以上人口超過 20%，台灣社會進入「超高齡社會」的時刻，屆時每 5 個人當中就會有一位是熟齡人士；（3）2048 年：是 26 ～ 55 歲與 65 歲以上人口占比交叉的時刻，65 歲以上熟齡人口比開始比 26 ～ 55 歲經濟消費主力族群更多的時刻，而那時的熟齡人口占比確已達到 33.97%，可說是每 3 人中就有一位是高齡者的程度，屆時想要不開發熟齡商機也難。因此當前社會大眾對高齡化欠缺警覺，對老化所帶來的衝擊與影響不重視，自然也不會將熟齡市場視為兵家必爭之地（下頁圖 1-9）。

2. 高齡者的需求不易被察覺

　　由於認知功能、體力等逐年衰退，就算「視茫茫，髮蒼蒼，而齒牙動搖」，只要尚未步入失能的階段，熟齡人士一樣可以自理生活、上街、購物、運動及聚會，即便熟齡人士逐漸感覺到些許的力不從心，肢體越來越不靈活、走路越來越慢、讀報寫字有點吃力、牙齒痠軟鬆動、毛巾越來越擰不乾、提不動兩公斤以上的東西、坐沙發起身的時候需要一臂之力……這種將就度日、力不從心的感覺時不時就會浮現出來，熟齡人士也未必會跟子女住在一起。

圖1-9 各生命週期階段人口數占比變化

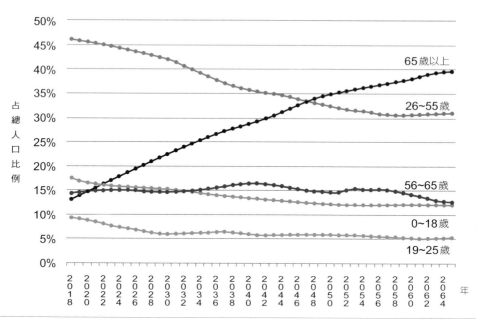

資料來源：國發會，《中華民國人口推計（2018～2065年）》報告，MIC整理，2020年2月

　　這些對生活造成輕度困擾的「微痛點」，即便是住在一起的子女，如果沒有深入的互動，也未必人人都能洞察出來，更何況是因為工作與求學而在異地的子女，久久回一次家，怎能理解年邁的親人生活中的種種不便與困擾，進而尋找或購買相關商品給父母使用。因此高齡者的需求往往都要到生病、受傷、發生意外事故、失能時才會被看見，而獨居年長者的需求就更加難以被發掘了。

3. 供應端普遍欠缺研發與經營經驗

　　正因為長者們的需求經常被視而不見，產品與服務供應端的業者對

於年長者需求認識與理解也不足，公司內部的企劃與研發人員相對年輕，對「老」往往沒有太多深刻的體驗，自然很難研發出讓熟齡人士滿意的商品，商品種類也就不夠多元，市場很難熱絡起來。

因此開始有老年相關機構，推出老年提供模擬體驗，讓參加者戴上護目鏡、耳塞、手套、指套、護膝，四肢關節綁上繃帶，穿上負重背心與駝背背帶，腳踩足托器，嘴含棉花球，手持手杖，模擬熟齡人士眼茫、肌力退化、關節僵硬的情形，體驗熟齡人士進行日常生活事務可能遭遇的困難，像是插鑰匙孔、穿脫衣物、上下樓梯、倒水、綁鞋帶、用筷子夾豆子、讀報、上廁所、上街購物、搭乘公車等。

有感於人口高齡化對產業的影響深遠，面對熟齡市場的多元樣貌，許多在談論人口結構變遷的書籍多僅點到為止地提及「商機龐大」，讓許多想進軍熟齡市場的業者深感煩惱，不知如何切入。因此，本書不談「機構照護、在家安養、社區養老等模式該如何發展」，也不探討「長期照護所需的產品與服務」，而是從健康或亞健康高齡者的需求出發，以生活產業為分析研究標的進行研究剖析。本書想獻給：

· 尚未進入但想進入熟齡市場的人
· 已進入熟齡市場，經營卻陷入困局的人
· 已知人口高齡化的影響，且希望自身企業轉型，卻苦無方向的人

有鑑於進入熟齡市場，首要的第一件事情便是理解高齡者，於是本書先概述全球人口結構變化的情形，建構讀者對於全球各地的人口結構認知的輪廓。接著闡述當前新、舊世代高齡者的差異，讓有志開創銀髮商機者能重新省思自身所欲聚焦的目標客群。

隨後再更進一步從高齡者的角度為出發點，以其所擔心、害怕、焦

慮及不安，從問題（痛點）解決的角度，逐項展開各個章節內容，選取具口碑、暢銷、獲獎及具啟發性商業案例來進行介紹與分析，以理解各家業者如何掌握高齡者關鍵需求，挖掘出產品與服務創新的源頭與方法。

　　希冀讀者在閱讀完本書之後，能對自身企業進入熟齡市場的未來發展有所助益，克服當前事業的障礙，精準掌握高齡商機。

02
即將到來的百歲時代

　　在近代國際組織的攜手推動下，世界公共衛生體系逐漸完善，醫療平等性也獲得提升，新生兒及孕產婦的死亡率降低，而醫藥科技的進步，也大舉延長人們的壽命，使得全球各地已逐步邁入百歲時代，台灣也是如此。然而在家庭組成與婚生養育觀念的變遷下，長壽且獨居的生活型態成了人生終站前的寫照。

公衛改善與醫療進步

公共衛生是群體健康、國家進步的象徵

　　公共衛生直接與公眾健康相關，也是一個國家繁榮進步的象徵。大多數發展中國家，由於公共衛生基礎設施不足，醫療服務質量不佳，導致傳染病頻發、新生兒及孕產婦死亡率居高不下，整體國民健康狀態不理想，社會和經濟發展也因而受阻。由於公共衛生工作不像醫療院所對個別病患所提供的醫療服務來得直接，不僅工作瑣碎、任務量大、時間長、見效慢、未必會有明顯的健康或經濟回報，像是防堵傳染病的跨國傳播、預防接種、菸害防制、新生兒篩檢、病媒蚊防治、清潔飲用水、慢性病控制、倡導健康生活型態等，諸多微小卻對全體民眾健康有益的

事情。

從 2000 年聯合國所制定的《千禧年發展目標》（Millennium Development Goals, MDGs）中可以發現（圖 2-1），這 8 項預定要在 2015 年之前實現的重要目標，幾乎都與公共衛生存有直接或間接的關聯，像是消滅極端貧窮與飢餓、降低兒童死亡率、改善產婦保健、迎戰愛滋病、瘧疾與等其他疾病等。

2015 年時，聯合國又發表要在 2030 年前完成的《永續發展目標》（Sustainable Development Goals, SDGs）（下頁圖 2-2），這次 17 項重要目標當中，第 3 項大目標「健康與福祉」是「直接」與公共衛生和健康有關，同時，其他重要目標如第 1 項的終結貧窮、第 2 項的終結飢餓，以及第 6 項的清潔飲水與衛生等，也「間接」與公共衛生和健康有關，伴隨著公共衛生體系的完善與資源投入，人們的健康及壽命也將獲得更多的保障。

圖2-1　2000 年《千禧年發展目標》

資料來源：聯合國，《千禧年發展目標》，MIC 整理，2020 年 2 月

圖2-2　2015年《永續發展目標》

1 終結貧窮	2 終結飢餓	3 健康與福祉	4 教育品質	5 性別平等
6 清潔飲水與衛生	7 可負擔及清潔能源	8 就業與經濟成長	9 產業、創新與基礎建設	10 減少國內與國家間不平等
11 永續發展的都市規劃	12 永續的生產與消費模式	13 氣候行動	14 保育及維護海洋資源	15 保育及維護生態領地
16 和平、正義與健全的司法	17 促進目標實現的夥伴關係			

資料來源：聯合國，《永續發展目標》，2015年，MIC整理，2020年2月

日新月異的醫學進展改善醫療品質

　　除了國家體系推動公共衛生，提升國民健康水準之外，醫療領域本身的進展，也為人類壽命的延長做出極大的貢獻。從醫用水銀溫度計開始到數位溫度計；從聽診器到 X 光攝影、斷層掃描、磁振造影；從抗生素的發明到免疫治療藥物；從皮下注射到人工血管；從義肢到人工關節，醫學科技上的種種突破，拯救了無數人的性命，改善病患的生活品

質，也使得人們的平均壽命從 1960 年的 52.5 歲增加至 2019 年的 72.6
歲，部分國家與地區甚至還突破了 80 歲的大關，讓危害人類健康與壽
命的天花與小兒麻痺疾病滅絕。

在過去的 50 年間，最偉大的醫學發明首推「磁振造影」（Magnetic
Resonance Imaging, MRI）。從 MRI 最源頭的核磁共振現象，到 MRI
技術的研發成熟，共計在諾貝爾獎的 3 個領域：物理學、化學及生理學
或醫學獲得 6 次的獎項，顯見其重要性。自從 1980 年第一台應用於醫
學領域的 MRI 設備被發明後，此種將人體置於高強度磁場當中，再利
用無線電波與體內氫原子共振的原理，經由電腦作訊號處理重組後，呈
現人體內各部位的解剖影像，探明腦部、甲狀腺、肝、膽、脾、腎、胰、
腎上腺、子宮、卵巢、攝護腺等器官與組織狀態，讓疾病無所遁形，已
成為臨床醫學診斷上不可或缺的重要利器。

其餘包括：人工心臟、雷射手術、微創手術機器人、功能性磁振造
影（Functional Magnetic Resonance Imaging, fMRI）、高效抗病毒療法
（Highly Active Antiretroviral Therapy, HAART，又稱雞尾酒療法）、
遠距醫療、乳房分子影像（Molecular Breast Imaging, MBI）、醫療健
康資訊科技及可操控活動的仿生假肢的發明，都造福全球病患獲得更好
的診治與生活品質（下頁圖 2-3）。

基因與人工智慧使醫療進入個人化時代

而今，基因科學與人工智慧技術的突破，又讓醫療技術推上了另一
個嶄新的階段。1991 年美國政府發起《人類基因體計畫》（Human
Genome Project, HGP），這項與曼哈頓計畫、阿波羅登月計畫並稱人類
科學史上的三大計畫，不僅深具科學意義，對社會也帶來重大影響。邀

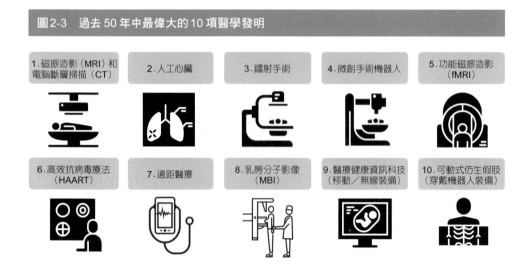

圖2-3 過去50年中最偉大的10項醫學發明

1. 磁振造影（MRI）和電腦斷層掃描（CT）
2. 人工心臟
3. 鐳射手術
4. 微創手術機器人
5. 功能磁振造影（fMRI）
6. 高效抗病毒療法（HAART）
7. 遠距醫療
8. 乳房分子影像（MBI）
9. 醫療健康資訊科技（移動／無線裝備）
10. 可動式仿生假肢（穿戴機器人裝備）

資料來源：healthexecnews.com，MIC整理，2020年2月

集英國、日本、法國、中國、德國等國研究團隊一起參與解碼人類約30億鹼基對的超級任務。當時有一家公司──賽雷拉（Celera Genomics），在1988年宣布投入人類基因組解碼計畫，運用超級電腦技術進行基因定序的解碼工作，最後在該公司與各國專家的努力之下，於2000年完成全部的解碼工作。

隨著人類DNA序列無償的公諸於世，開啟一系列嶄新的生命科學研究，讓人們對於生命起源、物種演化、細胞分化、疾病治療等方面的研究又向前跨進了一大步，開啟了個人化「精準醫療」時代的來臨。

近年來大數據、人工智慧（Artificial Intelligence, AI）技術的進步與普及，也讓醫藥衛生領域有了大幅度的革新，像是運用大數據分析進行流行性感冒預報，透過AI圖像辨識技術進行醫學影像判讀，輔助診斷、重症早期偵測、預後預測，加速藥物開發等，上述種種改變都將使得醫療場域中的醫病關係，以及疾病診治方法發生變遷（圖2-4），也

圖2-4　醫療生態變遷

資料來源：MIC 整理，2020 年 2 月

讓人類的健康、壽命與生活品質獲得更大的提升與改善。

　　由前述的生理學與醫學科技的發現與突破來看，人們對於種種的生理機制、致病原因、病理變化等方面有了長足的進步，同時在生理、藥理、醫學影像、醫療器械等科學與技術的發明下，讓疾病的治療方式有了更多的選擇，並提升了治癒率，影響了生命的品質，儘管人們對於許多生理、身體的奧妙之處，仍有許多未解之謎，但前述的發展已為了人們的健康與壽命，做出了難以抹滅的貢獻，這也是全球人口持續增長重要的推力。

長命百歲已非難事

全球預期壽命逐年延長

　　過去，人類的壽命常因為戰爭、天災、饑荒、流行病等原因，受到了衝擊，即便還是有人能活到八、九十歲，但總是少數。今日人類壽命之所以開始產生變化，無法用單一原因來解釋，除了前述所提到的公共衛生體系的健全與生活環境品質的提升之外，科學家對於生理機能的理解、醫藥科技的進展也功不可沒，當然還有其他諸多原因，像是：營養教育、健身行業蓬勃發展、禁菸等，造就了今日人類壽命的長壽化。

　　從聯合國的數據顯示，1950 年代隨著抗生素、疫苗、殺蟲劑的使用量增多，發展中國家的死亡率迅速降低，預期壽命也逐漸開始延長，並逐步追趕已開發國家，先進與落後國家人們的平均壽命的差距也逐漸縮小。由 2019 年聯合國所更新的《全球人口推計報告》（World Population Prospects）可以了解，近 50 年來，全球人口的平均壽命每 5 年就增加至少 1 歲，就連平均壽命最短的北非和西亞地區，平均壽命也從 1990 年的 49.4 歲，增加到 2050 年的 68.5 歲，延長了 19.1 歲之多。長期地推估，全球平均壽命從 1990 年的男子 61.9 歲，女性 66.5 歲，2050 年將增加到男性 74.8 歲，女性達 79.4 歲，2050 年時兩性平均壽命超過 80 歲以上的地區，包括：東亞和東南亞、拉丁美洲和加勒比海、澳洲／紐西蘭、歐洲和北美（圖 2-5）。

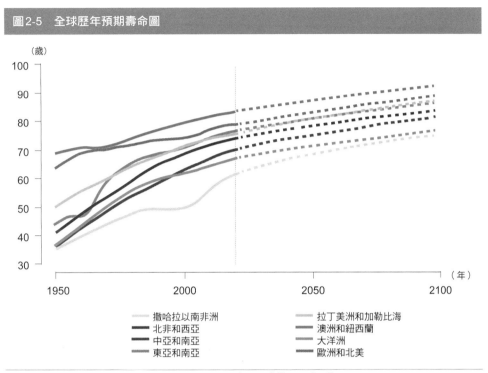

圖2-5　全球歷年預期壽命圖

（歲）

撒哈拉以南非洲　　　　拉丁美洲和加勒比海
北非和西亞　　　　　　澳洲和紐西蘭
中亞和南亞　　　　　　大洋洲
東亞和南亞　　　　　　歐洲和北美

資料來源：聯合國，《World Population Prospects: The 2019 Revsion》，MIC 整理，2020 年 2 月

長命百歲已不再稀奇

　　2017 年 5 月世界經濟論壇（World Economic Forum, WEF）針對全球人口長壽化所帶來的影響，發布一份名為《我們都將長命百歲，可是我們負擔得起嗎？》（We'll live to 100-how can we afford it?）的報告，揭示世人未來「長命百歲再也不是一件稀奇的事情，而將成為一種常態」（下頁圖 2-6）。而當老年人越來越多、越來越長壽的時候，全球各地都將面臨「養老金危機」，也即延遲退休年齡、獎勵儲蓄、養老金制度改革的衝擊與挑戰。

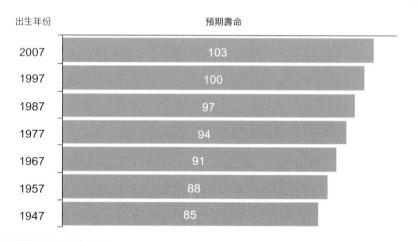

圖2-6　各出生年份預期壽命

出生年份　　　　　　　　　預期壽命

出生年份	預期壽命
2007	103
1997	100
1987	97
1977	94
1967	91
1957	88
1947	85

資料來源：WEF，《We'll live to 100-how can we afford it？》，2017年，MIC整理，2020年2月

　　在可預見的未來，人類壽命越加延長，平均每5年就會延長1～2年，雖說「人生七十古來稀」，對許多1997年出生的新生兒（目前約23歲）來說，約有半數的人可以活超過100歲預期壽命（Life Expectancy at Birth），而1947年出生被稱為「戰後嬰兒潮世代」，也就是目前的中高齡者，預期壽命也可望達到85歲。而且這樣的長壽預期，也存在著國與國之間的差距，以現在的長壽大國日本為例，2007年出生的日本小孩，其中有半數的人會活到107歲（圖2-7）。

　　在如此預測所構築的未來中，假如法定退休年齡沒有延遲，或生育率沒有提高，到2050年，全球扶養比也會從目前的8：1跌至4：1，意即更少的勞動人口要負擔更多的退休人口，養老壓力倍增。

　　因此從國家的觀點來看，處理即將崩潰的養老年金制度，改革國家健康保險制度變成了無可迴避的課題，從而將「退休年齡延後」似乎成了必然的選項。但不幸的是，國家體制運作的改變，往往受到政治因素

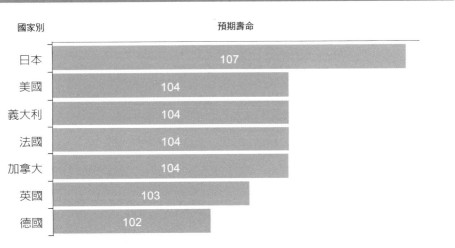

圖2-7　半數2007年出生的新生兒的預期壽命

國家別　　　　　　　　　　　　　預期壽命

日本	107
美國	104
義大利	104
法國	104
加拿大	104
英國	103
德國	102

資料來源：WEF，《We'll live to 100-how can we afford it？》，2017年，MIC整理，2020年2月

的箝制，以及許多不同利益團體之間的相互制衡，想要在短時間之內就有大幅度的改變，其實不太容易。

　　從個人的觀點來看，過往那種年輕時努力奮鬥，累積財富，退休後運用個人財富與政府年金，享受輕鬆愜意、無憂無慮晚年生活的夢想，似乎也成了一種奢求，人們對於高齡生活裡的各項消費決策模式改變，對於財富運用的安排，乃至人生階段的思考，也隨之改變，因此要在這當中謀求商機，便不可不知這樣的種種差異。

老來定得當自強

台灣未來的「老」模樣

　　儘管「台灣正式邁入高齡社會」、「銀色浪潮來襲！不可不知的銀

髮族商機」、「銀色經濟大商機」、「世代衝突怎麼解」、「破產！年金改革全面啟動」等新聞標題一再出現，身在其中的人們卻往往把這類的新聞當作一種與自身無關緊要的消息，似懂非懂地理解這個所謂的「衰老的未來」。

從台灣人口未來年表（表 2-1）可以了解少子、高齡、勞動力、失智等問題惡化的情形。消失的孩子、消失的勞動力、後繼無人的困境，將從特定領域（如：農務現場、貨運、建築、鋼鐵等）開始蔓延到整體社會。

別指望還有外籍看護

既然台灣的老年人未來如此讓人憂心，總也會有人認為，只要存夠錢，孤老失能的時候，請外籍看護工幫忙照顧自己就好，但是事實上這樣的想法，在未來很可能也無法實現，或是名額有限，要預先排隊很久才可以排到。

截至 2019 年底，全台約有 26 萬外籍看護人力，協助台灣的家庭照顧年長者，其中以印尼人數最多，約有 20 萬人（占 77.12%），菲律賓（占 11.79%）、越南（占 10.92%）次之（頁 55 圖 2-8）。有 26 萬名外籍看護人力，表示有 26 萬個家庭需要協助，也是目前高齡人口占比 14% 的狀況，但是在 20%、30% 的時候，會有多少家庭需要協助？恐怕目前這個數字的兩倍以上。

然而伴隨著東協國家經濟實力的崛起（頁 56 見圖 2-9），許多外資企業包括台商都因中國勞工薪資水準不斷上漲，而移轉至東協國家設廠，導致當地勞動力需求增加，推動勞動力禁輸的政策（或計畫）也越來越多，同時因國際勞動力輸出所造成的家庭問題、勞工人身安全、權

表2-1　臺灣人口未來年表

2019
- ◆ 新生兒人數跌破17萬人
- ◆ 長期照護需要人口，預估將突破60萬人
- ◆ 「人口機會」（0～14歲以下人口占總人口比例＜30%，65歲以上人占總人口比例＜15%）之窗關閉

2020
- ◆ 當年度死亡人口數「首度」大於出生人口數
- ◆ 扶養比超過40%，每2.5人要扶養一位14歲以下幼年人或65歲以上高齡者
- ◆ 85歲以上人口數，將超過40萬人
- ◆ 預估罹患失智症人口將超過30萬人

2021
- ◆ 需長期照護之65歲以上人口數，將達到50萬人
- ◆ 戰後嬰兒潮世代（1946～1964年出生）邁入75歲
- ◆ 達到人口頂峰，成為「人口負成長」的國家

2022
- ◆ 65歲以上人口數，將超過400萬人
- ◆ 18～21歲大學學齡人口，跌破100萬人

2023
- ◆ 15～64歲勞動力人口占比跌破70%
- ◆ 長期照護需要人口，預估將突破70萬人

2024
- ◆ 6歲入學年齡人口，跌破20萬人

2025
- ◆ 需要長期照護者將高達60萬人
- ◆ 15～64歲勞動力人口數跌破1,600萬
- ◆ 6歲入學年齡人口，跌破19萬人

2026
- ◆ 65歲以上的人口占比，將會超過20%，正式進入「超高齡社會」
- ◆ 85歲以上人口數，將超過50萬人
- ◆ 每5人就有1人超過65歲

2027
- ◆ 新生兒人數跌破16萬人
- ◆ 65歲以上人口數，將超過500萬人
- ◆ 扶養比超過50%，每2人要扶養一位14歲以下幼年人或65歲以上高齡者

2028
- ◆ 預估罹患失智症人口將超過40萬人
- ◆ 6歲入學年齡人口，跌破18萬人

2029
- ◆ 每4位女性就有1位65歲以上

2031
- ◆ 新生兒人數跌破15萬人
- ◆ 每2人就有1人超過50歲
- ◆ 15～64歲勞動力人口數跌破1,500萬
- ◆ 戰後嬰兒潮世代（1946～1964年出生）邁入85歲
- ◆ 每100位當中有超過2位失智者

2032
- ◆ 每4人就有1人超過65歲

2033
- ◆ 65歲以上人口數，將超過600萬人
- ◆ 85歲以上人口數，將超過60萬人
- ◆ 購屋貸款主力年齡層（31～40歲）人口，跌破300萬人
- ◆ 預估罹患失智症人口將超過50萬人

2034
- ◆ 新生兒人數跌破14萬人
- ◆ 扶養比超過60%，每1.6人要扶養一位14歲以下幼年人或65歲以上高齡者
- ◆ 中位數年齡超過50歲

2035
- ◆ 6歲入學年齡人口，跌破17萬人
- ◆ 85歲以上人口數，將超過70萬人

2036
- ◆ 新生兒人數跌破13萬人
- ◆ 85歲以上人口數，將超過80萬人

2037
- ◆ 15～64歲勞動力人口數跌破1,400萬
- ◆ 男性0歲平均餘命超過80萬

2038
- ◆ 85歲以上人口數，將超過90萬人
- ◆ 預估罹患失智症人口將超過60萬人
- ◆ 6歲入學年齡人口，跌破16萬人

2040
- ◆ 新生兒人數跌破12萬人
- ◆ 15～64歲勞動力人口占比跌破60%
- ◆ 65歲以上的人口將會超過30%
- ◆ 每3位女性就有1位65歲以上
- ◆ 85歲以上人口數，將超過100萬人

2041
- ◆ 6歲入學年齡人口，跌破15萬人
- ◆ 85歲以上人口數，將超過110萬人
- ◆ 戰後嬰兒潮世代（1946～1964年出生）邁入95歲

2042
- ◆ 15～64歲勞動力人口數跌破1,300萬
- ◆ 扶養比超過70%，每1.42人要扶養1位14歲以下幼年人或65歲以上高齡者

2043
- ◆ 65歲以上人口數，將超過700萬人
- ◆ 預估罹患失智症人口將超過70萬人
- ◆ 85歲以上人口數，將超過120萬人

2044
- ◆ 6歲入學年齡人口，跌破14萬人
- ◆ 85歲以上人口數，將超過130萬人

2045
- ◆ 每3人就有1人超過65歲

2046
- ◆ 85歲以上人口數，將超過140萬人

2047
- ◆ 15～64歲勞動力人口數跌破1,200萬
- ◆ 扶養比超過80%，每1.25人要扶養1位14歲以下幼年人或65歲以上高齡者

2048
- ◆ 新生兒人數跌破11萬人
- ◆ 6歲入學年齡人口，跌破13萬人
- ◆ 85歲以上人口數，將超過150萬人

資料來源：國發會，《中華民國人口推計（2018～2065年）》報告（中推計），衛福部，《長期照顧十年計畫2.0（106～115年核定本）》，MIC整理，2020年2月

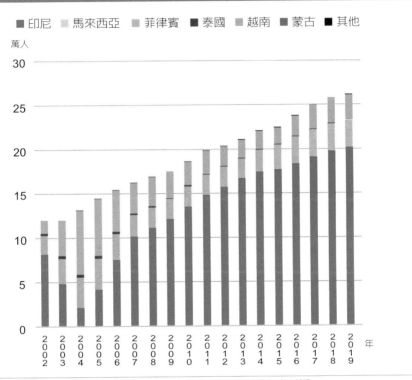

圖2-8　歷年社福勞工人數變化

■ 印尼　■ 馬來西亞　■ 菲律賓　■ 泰國　■ 越南　■ 蒙古　■ 其他

註：馬來西亞社福勞工人數於2002～2004年皆為2人，其餘為0。因人數過少，較難呈現於本圖表，特此說明。
資料來源：勞動部，勞動統計資料庫，MIC 整理，2020 年 2 月

益及人權問題等也屢因爭議事件發生而被討論，甚至因此調整該國國內的勞動力輸出管制。以來台最多的國家——印尼為例，2014 年 10 月第 7 任總統佐科威（Jokowi）上任，下令訂定停止輸出外勞的時間表，2015 年 5 月印尼政府正式宣布禁止家庭看護前往中東及北非共 21 個國家工作，2016 年宣布「零國際幫傭計畫」，未來孤老失能時，若還希望能仰賴外勞照顧，恐怕得碰運氣了。

圖 2-9　主要社福外籍勞工來源國之人均 GDP 變化

美元

馬來西亞　泰國　蒙古　印尼　菲律賓　越南

資料來源：World Bank，Open Data（database），MIC 整理，2020 年 2 月

質變的養老環境

由於長壽化的影響，壽命延長高齡人口數增加，失能、失智的人數也隨之增加，離開第一人生職場角色到死亡的時間也越長，高齡者對未來、健康與生活產生種種不安，收入減少，只能簡約度日，物質上、精神上的孤立情形也越來越嚴重，體力與判斷力逐漸衰退。

比台灣更早開始人口老化的歐美日本等地，這幾十年來也因為人口高齡化的情形，開始產生一些新興社會的問題，像是虐老、棄老、孤獨死的案件越來越多，因為高齡駕駛反應不及的交通意外事件增加，還有失智走失、老遊民、老人犯罪、詐騙老人財務、侵占老人財產、照護退職潮等。

新世代的高齡者，也就是嬰兒潮世代的中高齡人士，若用自己曾經奉養父母、祖父母的劇本寫自己高齡退休後的生活，絕對是行不通的。

　　主要是因為 3 個高齡支援體系與網絡上的主要支柱，也開始動搖。第 1 個是家族（家庭）支援體系，現在家族與家庭規模的縮減，過往擔任家庭照護重任的婦女，也在職場上打拼，家族與家人相處的時間與機會都大幅度減少。

　　第 2 是地區上的支援體系也開始弱化，街坊鄰里之間的關係不若過去緊密，敦親睦鄰互助的行為大幅度減少，青壯年往都市集中，自己家裡的高齡者都照顧不好了，哪有多餘的心力去關心鄰居。

　　第 3 個支柱是社會，在積極革新養老制度的同時，延後退休所產生的世代間的衝突，扶養負擔的沉重財政壓力，彈性工作型態的改變，非正式僱用與正式僱用之間的歧視與剝削問題也層出不窮，想要建構一個友善高齡工作與生活環境是如此的困難（圖 2-10）。

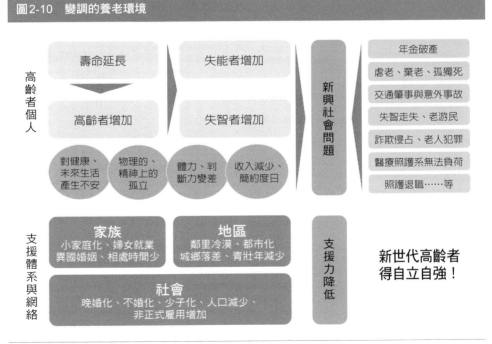

圖2-10　變調的養老環境

資料來源：MIC 整理，2020 年 2 月

　　因此，嬰兒潮世代的新世代高齡者，不僅無法仰賴國家社會，也無法期待會有充足的照護人力協助自己老年安然度日，更別說是家族與家庭成員彼此之間的相互扶持，最快的方法只能靠自己。所謂的靠自己，並不是從退休的第一天開始，才學習靠自己，而是從年輕的時候就得開始為老後的生活做準備，避免擔心受怕地養老度日。本書所論及的高齡商機，也是從這一切危機與困頓開始。

電子書
免費下載

高齡少子化社會的挑戰
與因應

03
獨居是時代的產物

由於人們婚生養育的觀念改變，選擇要不要有終身伴侶似乎沒有一個必然的答案，即便結了婚，選擇不生育孩子的人也不在少數，小家庭化的現象較過去更為普遍。隨著年歲的增長，退休生活的時間延長，兩老同住或老來獨居的機率也大幅增加，走到人生的終站前，相互扶持的兩老也總有一個人會先走，「獨居」成了一種普遍的常態。

婚、離、生、養觀念的改變

「一個人」不再是少數族群

過去在台灣的社會裡，對單身者並不友善，總以為單身者是少數，逢年過節的時候，許多單身人士經常會遭遇到長輩「關心的霸凌」，被追問交友狀態、結婚、生育規劃等等的人生大事，無怪乎「如何回應過年長輩的關心尷尬」話題，每到過年期間就會變成網路熱搜的關鍵字。

事實上，根據內政部的統計在 15 歲以上人口當中，未婚、離婚、喪偶這類的獨身者人數持續增加，2019 年時 15 歲以上的人口當中，約有 1,023 萬人是處於獨身的狀態，其中包括：未婚有 705.4 萬人、離婚 180.8 萬人、喪偶則有 137.4 萬人，也就是全台灣 15 歲以上的 2,059 萬

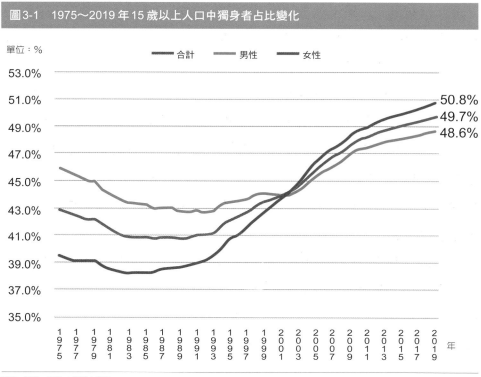

圖3-1　1975〜2019 年 15 歲以上人口中獨身者占比變化

單位：%

合計　男性　女性

備註：獨身＝未婚＋離婚＋喪偶
資料來源：內政部戶政司，MIC 整理，2020 年 2 月

人當中，有近 5 成的人都是單身者。「一個人」不再只是少數族群，而是一群龐大的個體，而且還持續在擴大中（圖 3-1）。

初婚年齡創新高，婚姻狀態惡化

　　會產生龐大的單身族群，很重要一個關卡就是「結婚」。

　　從前一旦出社會工作、適婚年齡時，周邊的親朋好友就會開始著急，趕忙著催婚、介紹對象，希望眼前這位單身貴族可以盡早進入婚姻、孕育生命，結婚好像成為人生當中一個必然的選項。許多人也在「以孝

之名」的威脅下，將就結婚了。而當時是一個「結婚容易離婚難」的社會，離婚會被貼上一種「失敗者」的標籤，背負著不名譽的陰影，許多不合適的怨偶彼此遷就了一輩子。

儘管現代社會比過去開放，科技也帶來各種各樣創新的互動管道，人們的交友方更為多元，交友圈也變得更加無遠弗屆，但因著工作壓力大、休閒時間減少、人與人的互信降低，要找到一個合拍的靈魂伴侶並不容易，抱持「寧缺勿濫」、「只剩下責任、沒有愛的婚姻，何必勉強相守？離婚也沒有什麼大不了」觀念的人不在少數，呈現「離婚容易結婚難」的情形。

因此，根據 1975 ～ 2018 年的平均初婚年齡資料顯示（圖 3-2），人們進入結婚狀態的時間點越來越晚，男性從 26.6 歲上升到 32.5 歲，增加 5.9 歲，女性則是從 22.3 歲上升到 30.2 歲，增加了 7.9 歲之多。人們不僅結婚的時間越來越晚，婚姻的狀態也呈現惡化的情形，結婚率

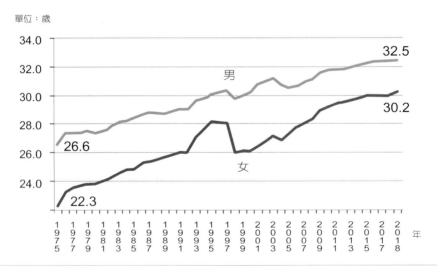

圖3-2　1975～2018 年平均初婚年齡變化

單位：歲

資料來源：內政部戶政司，MIC 整理，2020 年 2 月

持續降低，離婚率日漸增高（圖 3-3）。一個人獨居度日，變成了一種主動選擇的結果。

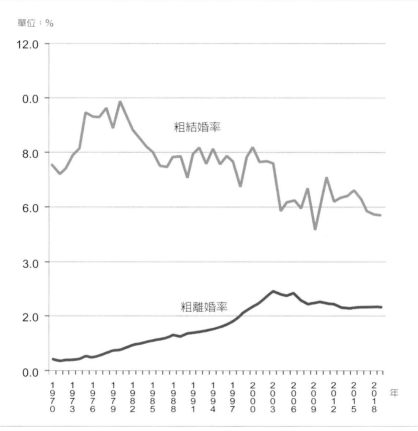

圖3-3　1970～2019 年粗結婚率與粗離婚率變化

單位：%

註 1：粗結婚率：當期平均每千位期中人口之結婚對數（某一特定期間之結婚對數對同一時間間之總人口數之比率）
註 2：粗離婚率：當期平均每千位期中人口之離婚對數（某一特定期間之離婚對數對同一時間間之總人口數之比率）
資料來源：內政部戶政司，MIC 整理，2020 年 2 月

難以扭轉的低生育率

　　戰後嬰兒潮世代更早一代的高齡者，在其年輕的時候深受中國傳統家庭觀念影響，具有濃厚的「重男輕女」、「傳宗接代」、「養兒防老」、「男大當婚，女大當嫁」、「多子多福」的觀念，但是如此傳統的婚育觀念，已是昨日黃花。當前的婚育觀念，真切地反映了社會的現實面，現代許多的年輕人認為，生養孩子的經濟成本極高，需耗費大量的時間，現代人工作壓力又大，想要悉心經營良好的婚姻關係不易，養兒又未必真能防老⋯⋯在這些複雜的因素權衡下，所做出的群體決策就是「不生、少生或晚生」。

　　從歷年的總生育率變化中不難看出（圖 3-4），平均每位婦女一生中所生育的子女數從 1981 年的 2.455 人減少到 2018 年的 1.06 人，生育的嬰兒人數減少，女嬰數也會同步減少，未來具有生育能力的婦女人數也將隨之減少，形成「新生兒少→女嬰少→育齡婦女少」的惡性循環。

　　低於總生育率人口替代水準（Replacement Level）2.1 人的標準，意味著多數的家庭僅生一個孩子，一旦孩子長大成年後，又很可能因為求學或工作的因素離鄉，沒有與父母親同住，兩老只能固守家園相互扶持的身影也越來越多，其中一人若是提早離世，留下的另一人就被動地變成獨居，使得高齡、獨居家戶增加，因此老後獨居不再是某些人的事情，而是所有人都可能需要面對的事情。

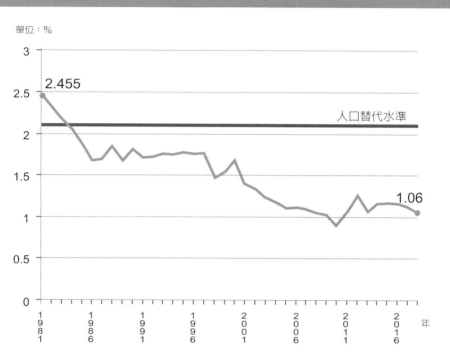

圖3-4　1981～2018 年總生育率變化

單位：%

備註：總生育率係指平均每位婦女一生中所生育之子女數
資料來源：內政部戶政司，MIC 整理，2020 年 2 月

高齡、獨居家戶逐年增加

家戶縮小化，獨居戶數占比多

　　在前述婚生養育觀念改變下，儘管台灣總家戶數持續在增長，但成長率已漸趨緩，1 人家戶數成為家戶類型中占比最高的一類，2019 年底時已超過 33.4%，來到了 295 萬戶（下頁圖 3-5），2 人家戶從占比 17.7%（2006 年）增加至 20.3%（2019 年），3 人家戶近 14 年來變化不大、5 人與 6 人家戶占比則從 2006 年的 10.3%、10.0%，降低至 6.9%、

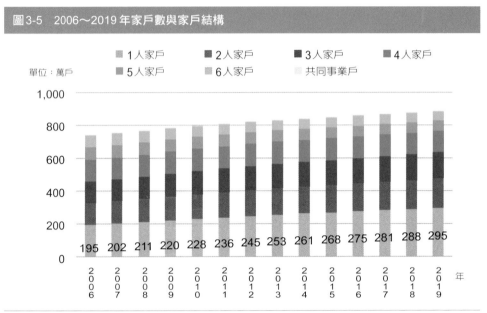

圖3-5　2006〜2019 年家戶數與家戶結構

單位：萬戶

■ 1人家戶　　■ 2人家戶　　■ 3人家戶　　■ 4人家戶
■ 5人家戶　　■ 6人家戶　　　共同事業戶

資料來源：內政部戶政司，MIC 整理，2020 年 2 月

6.4%。換另外一個角度來看，從整體家戶規模的變化當中亦可了解，台灣每戶的平均人數已從 1976 年的 5.24 人，降至 2018 年的每戶平均只有 3.05 人，約當每個家庭都少了 2 個人（圖 3-6）。

　　這少了兩個人的小家庭化轉變，也意味著家戶消費行為的轉變，像是對於食品、家用消耗品的採購行為，也會因為使用量減少、消耗慢，轉趨選擇採購小包裝、小份量的商品，選擇有需要時才購入，而非規劃性的採購。

　　對於餐廳、外食、輕度加工食品的需求也會增加，想要輕鬆煮食，又要精緻、健康的想法也會變得更為鮮明。這些許的數字變化或能更細緻地去探求消費者心理的想法與需求，都是各行各業挖掘商機的線索。

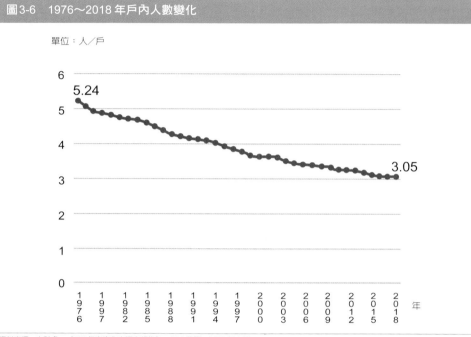

圖3-6　1976～2018 年戶內人數變化

單位：人／戶

資料來源：主計處，《107 年家庭收支調查報告》，MIC 整理，2020 年 2 月

高齡家戶數與占比雙雙攀高

　　換另外一個角度來看，以家中主要經濟來源的經濟戶長年齡所劃分的家戶進行更進一步的分析可以知道，擔任經濟戶長角色的年齡層主要還是落在 45 ～ 54 歲這個族群，約占了 23.3%（2018 年），其次是 55 ～ 64 歲（22.6%），第 3 是 65 歲以上（21.9%），而且，經濟戶長也有逐年老化的傾向（下頁圖 3-7）。

　　1994 年時約有 50 萬戶的經濟戶長是 65 歲以上的高齡者，約占 9%，到 2018 年時這樣的家戶數已達到 189.5 萬戶（21.9%），22 年間就多了 139.5 萬戶之多。而這些 65 歲以上經濟戶長的家庭，在其家戶的消費支

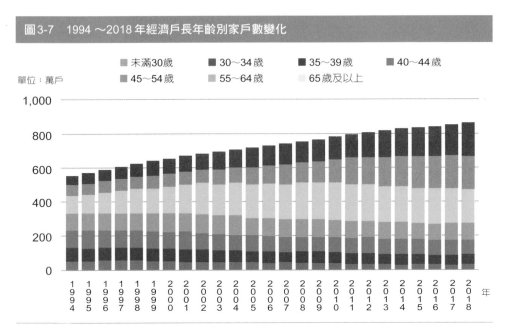

圖3-7　1994～2018年經濟戶長年齡別家戶數變化

單位：萬戶

未滿30歲　　30～34歲　　35～39歲　　40～44歲
45～54歲　　55～64歲　　65歲及以上

備註：經濟戶長之定義有四類：（1）係指戶內成員中，收入最多且負責維持家庭主要生計者；（2）如某成員收入雖較其他成員為多，但並未負擔家庭主要生計，不視為經濟戶長，而以收入次多且負擔家庭主要生計者為經濟戶長；（3）若該戶內有二人以上，其收入相若，且負擔家計之重要性亦相差無幾，則以年長者為經濟戶長；（4）如該戶各成員均無職業又無收入，則以戶籍戶長為經濟戶長。
資料來源：主計處，《107年家庭收支調查報告》，MIC整理，2020年2月

出當中，也與其他年齡層顯現出不同的風貌，消費支出占比較高的品項分別是：住宅服務、水電瓦斯及其他燃料花費（28.8%），其次是醫療保健（23.2%）、食品及非酒精飲料類（15.7%）消費（圖3-8）。

並非是這些高齡經濟戶長在此刻依舊積極購屋，背負著沉重的房貸，而是難以緊縮的房屋租金在其他消費支出銳減的狀態下，更加被凸顯出來。換言之，只要高齡戶的住宅負擔可以被減輕，他們也會更有餘裕進行其他各項消費。因此若能更加深入地理解各類型家戶結構的變化，以及家戶消費型態的差異，對於獨居高齡者商機的掌握將會更有助益。

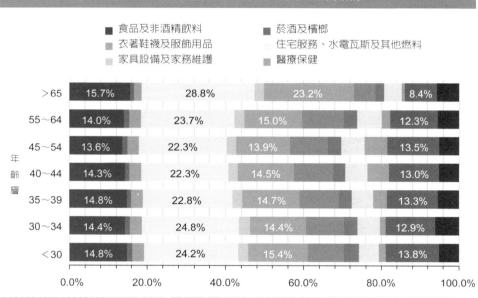

圖3-8　2018年平均每戶家庭收支按經濟戶長年齡組別分之消費結構

- ■ 食品及非酒精飲料
- ■ 菸酒及檳榔
- ■ 衣著鞋襪及服飾用品
- 住宅服務、水電瓦斯及其他燃料
- 家具設備及家務維護
- ■ 醫療保健

年齡層				
＞65	15.7%	28.8%	23.2%	8.4%
55～64	14.0%	23.7%	15.0%	12.3%
45～54	13.6%	22.3%	13.9%	13.5%
40～44	14.3%	22.3%	14.5%	13.0%
35～39	14.8%	22.8%	14.7%	13.3%
30～34	14.4%	24.8%	14.4%	12.9%
＜30	14.8%	24.2%	15.4%	13.8%

0.0%　　20.0%　　40.0%　　60.0%　　80.0%　　100.0%

資料來源：主計處，《107年家庭收支調查報告》，MIC整理，2020年2月

人人都將「孤老單身」？

台灣男女的預期壽命逐漸延長

　　這種高齡者當家的情形會因為預期壽命的延長，而將繼續當家下去。所謂的預期壽命（Life Expectancy）是指在目前各年齡層死亡率保持不變的前提下，同一時期出生的人預期能繼續生存的平均年數，也就是 0 歲新生兒人口平均預期可存活的年數。

　　根據國發會所發布的人口推計報告與內政部的資料統計顯示（下頁圖 3-9），台灣女性的預期壽命（即 0 歲平均餘命）於 2002 年時已超過 80 歲，男性推估要到 2037 年才會超過 80 歲，目前 2019 年的預期壽命

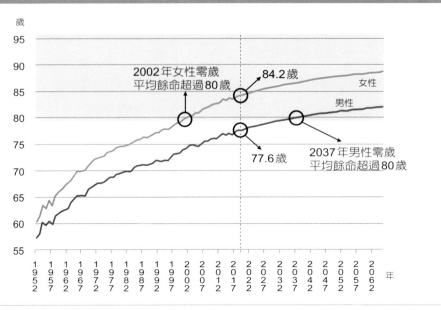

圖3-9　男女預期壽命

備註：零歲平均餘命，即為該世代的預期壽命。
資料來源：2019～2065 年之數據係出自國發會《中華民國人口推計（2018～2065 年）》報告，1952～2018 年之數據出自內政部統計處，MIC 整理，2020 年 2 月

男性為 77.6 歲，女性 84.2 歲，較 1952 年延長了 20.2 歲和 23.9 歲，人們預期壽命延長，意味著與疾病對抗的歲月也更長了。

男女比例的失衡

用國發會所發布的《中華民國人口推計（2018 至 2065 年）》所做的推估資料來分析（圖 3-10），比較男女人數，將會發現台灣的男女比例失衡，呈現「女多於男」的情形，且男女總數的差距還會持續擴大，與先進國家的現象一致，這是因為女性預期壽命較長所致。

在一般正常狀況下，人類在出生時是男性會略多於女，因男性經常從事較危險性的活動，易因工作、衛生習慣、生活習慣（如：好爭執、

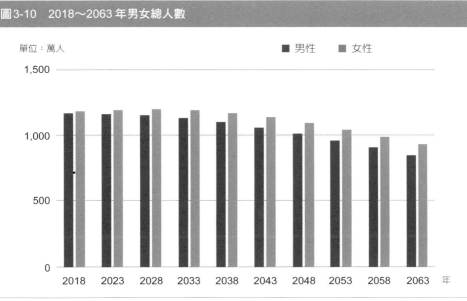

圖3-10　2018～2063 年男女總人數

資料來源：國發會，《中華民國人口推計（2018～2065年）》報告，MIC 整理，2020 年 2 月

鬥毆）等因素死亡，到婚配年齡時男女人數比例會相近，但隨年紀漸長，就會出現女多於男的情形。

　　比較 2016 年與 2046 年各年齡層男女人數可發現（下頁圖 3-11、3-12），年輕時皆為男多於女，但，女多於男的情形在中高齡的年齡層所顯現出來的差距更加擴大了。最大的差距發生在 2063 年時 80 ～ 84 歲的年齡層，男女相差了 22.6 萬人。

　　但事實上，會孤老單身的不是只有女性，男性也可能因為分居、離婚，或妻子早逝而單身。年過半百的老夫老妻也可能因為子女成年居住在外，雖然同住在一個屋簷下但彼此不干涉對方的生活，如同室友一般的相處，過著「類單身」的生活模式，固然也衍生出一些商機。

　　「個人化」與「自我滿足」成為孤老單身時代最主要的行銷概念，像是單身友善餐廳所提供的單人座位區、一人份餐點、單人 KTV、小

圖3-11 2018年各年齡層男女總人數

單位：萬人

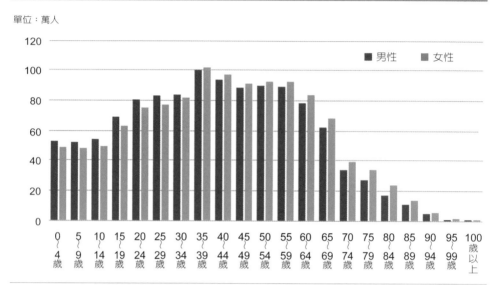

資料來源：國發會，《中華民國人口推計（2018～2065年）》報告，MIC整理，2020年2月

圖3-12 2063年各年齡層男女總人數

單位：萬人

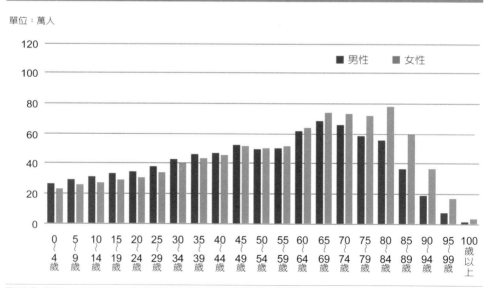

資料來源：國發會，《中華民國人口推計（2018～2065年）》報告，MIC整理，2020年2月

坪數住宅，各式小家電，包括：小電鍋、小烤箱、小冰箱、小洗衣機等，
在在都為了滿足一個人生活所需提供兼具高質感與實用性的商品，要讓
人們感覺「就算是孤單一人，也要過的美麗精彩」。

04
新世代高齡者的特徵

　　由於人們婚生養育的觀念改變，獨居的機率也大幅增加，走到人生的終點站前，相互扶持的兩老也總有一個人會先走，「獨居」成了一種普遍的常態。新世代高齡者與上世代人有著截然不同的生活經驗，不僅學歷較高，工作及經濟上也較有餘裕，對子女養育的態度也與過去迥異，自然老後的生活態度及關鍵，也跟過往呈現出全然不同的風貌。

享受更長的第二人生

退休年數越來越長

　　從前人們因為平均壽命較短，歷經求學工作、成家立業、生兒育女，好不容易把子女拉拔成人後退休，到離世前大約會有 10 年左右的光景，少了生活經濟壓力的干擾，可以優遊自在地安排自己想要的生活，所以常被稱為「黃金 10 年」。但是現在不然，隨著人們平均壽命的延長，預期退休年數也逐漸拉長，從原本的 10 年拉長到 25 年、30 年，甚至是 40 年也都見怪不怪了。

　　根據 OECD 的資料庫統計，針對 1970 ～ 2015 年各國預期退休年數進行比較，1970 年時預期退休年數大約是 7 ～ 12 年左右，到 2015

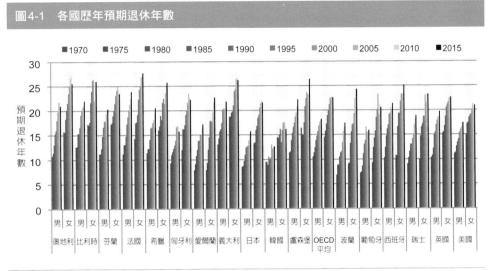

圖4-1　各國歷年預期退休年數

■1970　■1975　■1980　■1985　■1990　■1995　■2000　■2005　■2010　■2015

備註：預期退休年數＝實際退休年齡－零歲平均餘命
資料來源：OECD，MIC 整理，2020 年 2 月

年時年數增加為 13 ～ 27 年左右，其中預期退休年數最短的是韓國，最長的前幾名國家分別是法國、盧森堡、義大利、比利時、奧地利，這些國家的女性預期退休年數都超過了 25 年以上（圖 4-1）。

　　從 10 年拉長為 25 年，人們有更多的時間可以做自己想做的事情，也成了開展新生活意義的第二人生。美國世代行銷專家馬蒂‧迪特瓦（Maddy Dychtwald）分析美國 20 年人們的生活方式、消費趨勢後，所提出的所謂 C 型人生的觀念，所謂的「C 型人生」，C 是指 Cycle（週期）的意思，也就是人們不再循著過去的生活次序，從出生、求學、工作、成家、生子、退休到步入死亡如此線性地活著，而是轉變為一種充滿無限改變與突破的循環型人生（下頁圖 4-2）。

　　有人「戀愛→結婚」好幾輪之後才確認了終生的摯愛，有人工作 10 年之後選擇到異鄉旅行、探索自我，也有人工作 20 年後重新回到校園，學習第二、第三專長，有人退休後又重新創業，45 歲也可以重新再找

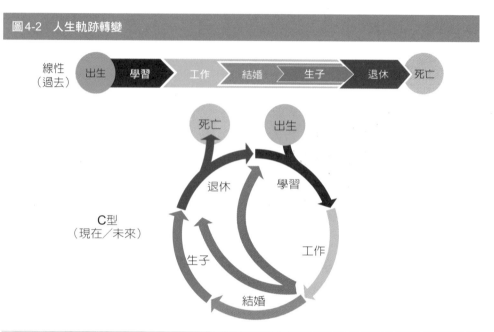

圖4-2 人生軌跡轉變

資料來源：MIC整理，2020年2月

工作，60歲也可以攀登百岳，75歲可以再結一次婚，每個人的職業生涯更有機會扮演不一樣的角色，讓生活多采多姿，過著退休不退化的樂齡生活。

拒當「下流老人」，拒入「長壽地獄」

退休後漫長的第二人生，說不定比第一人生的工作時間更長，若真能如C型人生所提到的活出自信與活力，固然是讓人期待，但也免不了會有部分高齡者可能會落入「長壽地獄」，成為「下流老人」，過著艱困的老年生活。所謂的「下流老人」，指的是無法正常度日，被迫過著「下流（中下階層）」貧困生活的高齡者，不僅收入少、存款少，也沒

有子女可以依靠，生病也無法以餘裕就醫，只能節儉度日，孤獨地邁向死亡。而「長壽地獄」則是對長壽的另外一種反思，長壽若不能身心健康，喪失生存的意義，被維生設備延續著生命，呈現「衰而不死」的人工長壽（圖4-3）。

　　新世代高齡者為了拒當下流老人、拒入長壽地獄，都期盼能優雅地老去、享受 C 型人生的樂趣，過著有品質的老年生活，因此活躍老化的觀念漸被接受，而能協助高齡者獨立生活、參與社會的商品及服務也越顯需要，像是許多高齡者希望能繼續工作，進行退休準備與生前整理，甚至是安排自己的喪葬儀式等。

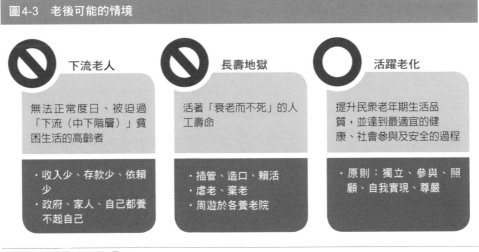

圖4-3　老後可能的情境

下流老人
無法正常度日、被迫過「下流（中下階層）」貧困生活的高齡者
・收入少、存款少、依賴少
・政府、家人、自己都養不起自己

長壽地獄
活著「衰老而不死」的人工壽命
・插管、造口、賴活
・虐老、棄老
・周遊於各養老院

活躍老化
提升民眾老年期生活品質，並達到最適宜的健康、社會參與及安全的過程
・原則：獨立、參與、照顧、自我實現、尊嚴

資料來源：MIC 整理，2020 年 2 月

迥然不同的獨老新世代

　　儘管積極地面對老年生活，但無可諱言的是，隨著年齡的增長，熟齡人士的身體機能、經濟收入、移動力等等方面逐漸弱化，有可能會變

成「健康弱者」、「生活弱者」、「移動弱者」,以及當災害發生時,需要他人協助避難的「災害弱者」(圖4-4)。

然而這些既有的「老年刻板印象(Aging Stereotypes)」,其實是源自於上一代高齡者的群體特徵而形成根深柢固的看法,一旦有新的個體被納入所謂的「老年群體」時,就會被貼上這些刻板印象的標籤,像是「年紀大了,就是沒用,需要人照顧」、「老人很有錢」、「高齡是個很龐大的市場」、「老人就是體弱多病」、「是家庭與社會的負擔」等存有歧視性的觀點,就連電視媒體上的老人形象,也大多如此。但事實上是,嬰兒潮世代這群新世代高齡者,卻是跟過往有很大的不同,其實並沒有真的這麼的衰弱而無用,他們身體健康、教育程度高、經濟有保障、積極參與社會活動及學習的動機強烈。

圖4-4　高齡弱者類型與演變

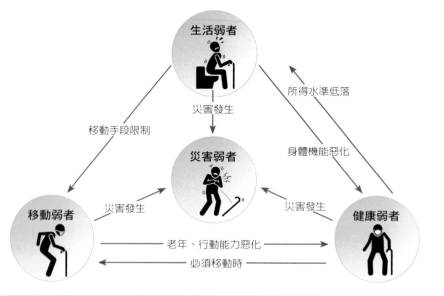

資料來源:日本三菱總合研究所(MRI),MIC整理,2020年2月

刻苦、耐勞又抗壓

自 1945 年開始，台灣每年出生新生兒數量便達 25 萬人，且連年屢創新高，最高峰時期每年出生的新生兒數量還一度超過 40 萬人，是 2019 年（僅有 18.1 萬人）的兩倍。嬰兒潮世代因為經歷戰後百廢待舉、物資缺乏的階段，雖然能有更多的受教育的機會，但幼年成長時期多半生活貧窮，養成吃苦當吃補的個性，如此的世代成長經驗，影響此世代人的消費動機與價值觀。

學識高、能力強

戰後因為教育普及，人數眾多的嬰兒潮世代，在求學階段面臨了激烈的競爭，大約只有 1/4 的高中畢業生可以考取大學，且由於當時台灣沒有博士班，大學畢業後若有意想繼續深造，只能選擇出國留學，因此選擇出國留學進修的人數也屢創新高，學業告一段落後，或定居美國海外，或返台貢獻社會，讓這些受過高等教育的嬰兒潮世代，成為台灣各個領域的青年才俊；步入中年之際，更是 20 世紀末全球化過程的主要推手，台灣的民歌運動、民主運動、社會運動等，都可看到嬰兒潮世代參與的軌跡（下頁圖 4-5、4-6）。

受到新事物、新文化衝擊

嬰兒潮世代是受到新事物、新文化衝擊最大的世代，從孔孟、老莊，到康德、尼采，從轉盤式電話到智慧型手機，從黑膠唱片到卡式錄音帶、隨身聽、iTunes，從膠卷相機到數位相機，電腦也從桌上型電腦到筆記

圖4-5　台灣各世代年齡人口總數

◆ 相對於前一個世代而言，嬰兒潮世代不僅人數眾多，也趕上了台灣經濟飛騰的年代

★ 戒嚴 → 解嚴 → 民主
★ 保密防諜 → 台商西進
★ 嚴父 → 慈父
★ 鐵的紀律 → 愛的教育

◆ 當過去人口占比最多嬰兒潮代是兒童時，與兒童食衣住行有關的產業蓬勃發展；當他們進入職場之後，車子、房子的需求，也帶動了車市與房地產市場的榮景，但當他們開始退休之後呢？

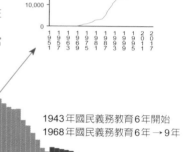

1943年國民義務教育6年開始
1968年國民義務教育6年 → 9年

各年歲人口總數

i世代　千禧世代　X世代　嬰兒潮世代　熟齡世代

單位：人

資料來源：國發會，《中華民國人口推計（2018～2065年）》報告（中推計），MIC整理，2020年2月

型電腦、iPad 平板電腦，作業系統也從 DOS 進化到 Windows，還有美式速食餐飲文化的進入，飲食習慣西化種種生活事物的改變，讓嬰兒潮世代成為對新事物包容度極高的世代。

有能力且勇於追夢

嬰兒潮世代因為參與並創造了台灣的經濟奇蹟，累積了大量財富，擁有房產（圖4-7），現下紛紛退休，有錢、有閒、又更健康的嬰兒潮世代，進入到退休後可以放手追尋夢想的階段，不管是玩模型、玩重型機車、買農地蓋民宿、還是彈電吉他組樂團、出國旅遊環遊世界、騎自

圖4-6　台灣各世代生長記事

◆ 不同世代的生長時空不同，對物質、精神、人際互動、科技依賴等的價值觀與態度亦有所差異，對老年生活的想像與期待也有所不同

BBC Call、手機、PDA、MP3、iPod、iPad、光纖、3G、4G、桌上型／筆記型電腦、LCD、BBS、ICQ、Messenger、Skype、Line、facebook、IG，快速出現

◆ 嬰兒潮世代的出生、成長、就業階段，經歷了眾多台灣產業興起、生活型態、科技躍進的轉折

1980 24 小時便利商店
1995 微軟發行 Window95
1989 行動電話開放

1952 救國團　　1962 台視開播、證券交易所 1985 世貿資訊月
1961 禁歌、中華商場 1980 新竹科學園區
1957 第一屆金馬獎 1976 中文輸入法成形、宏碁成立
1957 公共電話 1969 彩色電視
1932 舞廳、第一家百貨公司 1964 家庭計畫 1979 中正機場啟用、出國觀光
1934 日月潭發電 1958 八二三炮戰 1965 美援終止 1998 隔週休二日
1924 北宜鐵路通車 1953 耕者有其田 1966 紡織外銷第一、鳳梨洋菇罐頭世界第一 2000 宅及便宅配
1922 提倡白話文 1947 二二八事件 1971 退出聯合國 1995 全民健保
1996 總統直選
2001 實施週休二日
2007 高鐵通車

| 退休族群 | | 下世代退休族群 | | | |

| 熟齡世代 | | X世代 | Y世代 | | i世代 |
| | 嬰兒潮世代 | | 千禧世代 | | |

西元	1918	1946	1964	1980	1990	2000	2010
歲數	100	72	54	38	28	18	8
民國	7	35	53	69	79	89	99

備註：歲數是以 2018 年為基準計算
資料來源：MIC，2020 年 2 月

圖4-7　2010 年普通住宅之住宅所有權屬比例

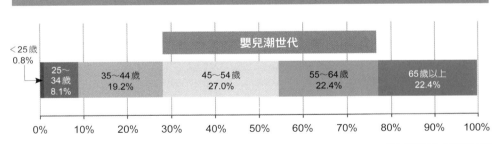

嬰兒潮世代

<25歲 0.8%

| 25~34歲 8.1% | 35~44歲 19.2% | 45~54歲 27.0% | 55~64歲 22.4% | 65歲以上 22.4% |

0%　10%　20%　30%　40%　50%　60%　70%　80%　90%　100%

備註：人口及住宅普查，為政府每10 年舉辦一次的基本國勢調查
資料來源：主計處，《99 年人口及住宅普查》，MIC，2020 年 2 月

行車環島，上世代熟齡人士來不及做、無法做的夢，嬰兒潮世代都勇於實現。

和當今的熟齡世代相比，台灣嬰兒潮世代（Baby Boomer）出生於1946～1964年間，在其出生、成長、就業階段，經歷了眾多台灣產業興起、生活型態轉變、科技躍進的轉折，享受到人口紅利所帶來的經濟成長，少了不知戰事何時停歇的迷惘，趕上了戰後經濟復甦的時代列車，接受了比上一代人更公平、更多的教育，接受了濃厚的華人文化薰陶，見證了台灣政治的轉變與經濟奇蹟。

不同世代的生長時空不同，對物質、精神、人際互動、科技依賴等的價值觀與態度亦有所差異，因此對老年生活的想像與期待也有所不同。當過去人口占比最多嬰兒潮世代是兒童時，與兒童食衣住行有關的產業蓬勃發展；當他們進入職場之後，車子、房子的需求，也帶動了車市與房地產市場的榮景，而今他們開始退休，對於時代轉變的體認又更加深刻，總解嘲地說著自己是「孝順父母的最後一代，被子女拋棄的第一代」，「老後無依」變成新世代高齡者共通的體認，成了與當今熟齡世代迥然不同的獨老世代，也是未來社會非常重要的指標世代，將會對生產、消費、勞動、金融等產生一定程度的影響。

推翻刻板印象的高牆

既然是面對與上世代高齡者截然不同的新世代高齡者，就不能用過去的刻板印象來理解其價值觀與需求。根深蒂固的錯誤認知，乃至似是而非的「謠傳」，經常成為挖掘熟齡商機的絆腳石，是時候拋下成見重新認識這些新世代高齡者。

1. 高齡者都很有錢

　　許多人認為熟齡人士工作了大半輩子，有車、有房的他們一定口袋很深，是經濟相對富裕的族群，但事實上並不然。從主計處的《家庭收支調查報告》結果可以發現（圖 4-8），65 歲以上經濟戶長的家戶，在可支配所得與消費支出方面都大幅度地降低，與可支配所得與消費支出最高的 45 ～ 54 歲族群相比，可支配所得從每年 117 萬減至 63 萬，減幅高達 46%，消費支出方面也從每年 93 萬減至 55 萬，減幅高達 41%。經濟戶長年齡 65 歲以上之家庭，因為經濟來源多仰賴養老年金，收入規模驟減，同時也因為不知道還有多少年歲要過，對未來充滿不安，所以能省則省，消費支出緊縮，因此縱然身家富裕，多數人也是物欲低迷，鮮少有衝動購物的行為。

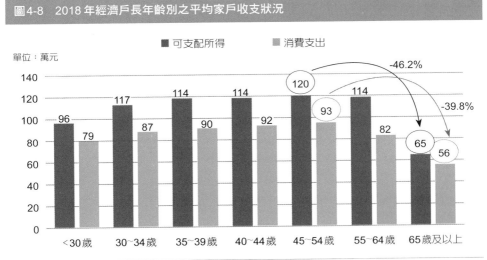

圖4-8　2018 年經濟戶長年齡別之平均家戶收支狀況

資料來源：主計處，《2018 年家庭收支調查報告》，MIC 整理，2020 年 2 月

2. 高齡市場很龐大

　　在現行消費市場當中，以年齡一刀切的情形十分普遍，只要年過「65 歲」即可享受敬老優惠，就連大眾運輸工具上的博愛座，都可使用的理直氣壯，彷彿所有 65 歲以上的熟齡人士都是一個模子刻出來的。但事實上 65 歲以上的熟齡人士其實存有極大的個體差異，這些差異不僅是來自於個人身體健康（慢性病、失能與否）上的不同，也存在於家庭狀態（獨居、與子女或孫子女同住）、工作（退休或再就業），以及前述章節所提及的世代差異。

　　雖然年齡增長會造成生理機能上的衰退，體力變差、肌肉萎縮、老眼昏花、體態佝僂、慢性病纏身，但是不同年齡層彼此之間還是存有不同的消費重點，50 歲的人需要的可能是訴求抗老的產品，60 歲需要的是保護關節、維持肌力、保持身體健康、退休規劃、自我實現方面的產品及服務，而 70 歲需要面對的可能是牙口不好、自立生活、生前整理、喪葬安排、等問題，這些都會影響到消費需求。

　　而熟齡人士獨居或是與家人同住與否，其實也會影響消費需求。獨居時採購生鮮食物或生活用品，多會選擇少量、小包裝、簡單、方便為主，若是無法自行外出購物，需要他人協助時，便容易出現囤積加工食品與生活用品的情形。又或是與孫子女同住，幫孫子女添點衣物、買個玩具，也是人之常情的消費。因此，即便是 65 歲以上的熟齡市場，其實也是許多細碎市場的集合，隨著生理年齡、生活型態、家庭狀態、世代嗜好等影響而有所不同，欲搶進熟齡商機的企業，一定要深入了解各目標客群的需求，才能找出對的產品與服務設計，精準地行銷溝通。

3. 年長者必定不健康，需要照顧

　　根據 2018 年 9 月衛福部公布《106 年老年人狀況調查》報告（2018年 9 月出版，下次調查時間為 2021 年）中顯示，在 65 ～ 69 歲族群當中，男性有 59.32%、女性有 56.61% 的人罹患慢性病（圖 4-9），但這個族群的人當中，卻只有男性 6.16% 及女性 7.2% 的人表示，自己在不用手支撐的狀況下無法從椅子上站起來（下頁圖 4-10）。又若更進一步比較衛福部所公布的「照顧管理評估量表」的衰弱指標，則會發現有 2 項以上衰弱指標的熟齡人士，其實占比並不高（下頁表 4-1）。

　　這樣的結果顯示，人們並非一到 65 歲就會全身病痛虛弱到需要家人隨侍在側，多數人是在罹患有慢性病的狀態下，與疾病和平相處，尚可自理生活。日本小說家村上春樹在他的作品《舞舞舞》當中曾經寫道：

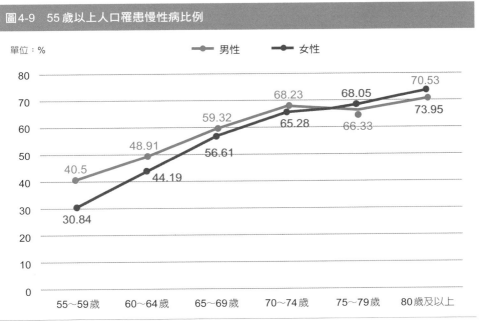

圖4-9　55歲以上人口罹患慢性病比例

資料來源：衛福部，《106 年老年人狀況調查》，MIC 整理，2020 年 2 月

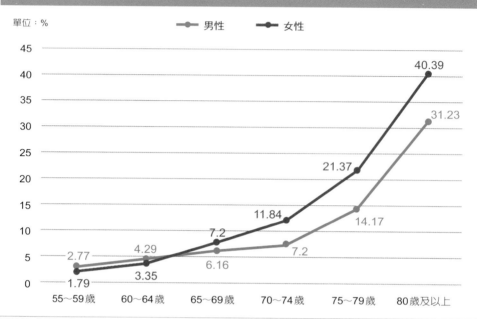

圖4-10　55歲以上者在不用手支撐情況下，無法從椅子上站起來的比例

資料來源：衛福部，《106年老年人狀況調查》，MIC整理，2020年2月

表4-1　55歲以上衰弱評估情形

	總計		無衰弱狀況	1項衰弱指標	2項衰弱指標	代答者不訪問
	人數	百分比				
總計	6,579,754	100.00	82.27	10.31	1.97	5.45
年齡別						
55～59歲	1,786,772	100.00	90.64	6.15	0.90	2.31
60～64歲	1,573,101	100.00	89.34	6.70	0.80	3.16
65～69歲	1,196,605	100.00	84.58	10.77	1.46	3.19
70～74歲	675,894	100.00	81.48	12.35	2.37	3.80
75～79歲	588,164	100.00	73.14	15.64	4.46	6.76
80歲及以上	758,218	100.00	52.07	20.90	5.43	21.6

資料來源：衛福部，《106年老年人狀況調查》，MIC整理，2020年2月

「我一直以為人是慢慢變老的，其實不是，人是一瞬間變老的」，而這所謂的一瞬間變老，往往是在發生意外事故、急症發作後，生理機能快速衰退。

4. 年長者不會也不願學習新事物

多數人普遍認為，年紀大了腦子不靈活，對於新知識的學習很慢，理解力變差，要學新東西很難。但許多熟齡人士的表現都相當讓人感到驚艷，其中相當知名的一個例子是誕生於 1935 年（現年 84 歲）的日本女性若宮正子，僅有高中畢業學歷的若宮女士，60 歲開始自學電腦，起初是以 Skype 的方式，向程式設計師朋友學習撰寫程式，學習手機 App 的程式語言「Swift」，開發出一款以日本女兒節娃娃為主題的 App，取名為「Hinadan」，因而聲名大噪。

2014 年登上 TED×TOKYO 論壇，以「銀髮族如何活躍於網路世界」為題進行演講，分享自身的學習歷程，接受日本與國際媒體爭相訪問。並在運用「Google 翻譯」的協助下，接受了美國電視台的書面採訪，引起蘋果公司執行長庫克（Tim Cook）的注意，邀其出席參加蘋果公司的 2017 年的開發者大會（Worldwide Developers Conference, WWDC）。

若宮正子老奶奶的例子讓世人明白，只要有意願，對於有興趣事物，老年人的大腦一樣可以學得很好。因此熟齡者學習新知最大的障礙，不是腦部功能退化，而是心理缺乏自信，別再用「老狗學不會新把戲」的刻板印象局限了商品及服務的開發，讓熟齡人士「活到老，學到老」也是一門好生意。

5. 老人都有 3C 產品恐懼症

　　新世代高齡者對於 3C 產品的接受度與熟悉度，與上世代高齡者之間有極大的差異。每日清晨流竄在即時通訊軟體社群裡的早安長輩圖，展現出對智慧型手機的嫻熟與依賴，過往得面對面才能進行的交誼活動，現在用智慧型手機也可以，運用智慧型手機進行社交娛樂活動不再是年輕人的專利，就連手機遊戲「Pokemon Go」也擄獲熟齡人士的心，培養出一群追逐虛擬寶貝的資深玩家。隨處都可連網的便利環境，讓台灣已成為數位網路化社會，許多人還同時擁有不只一項 3C 產品，如智慧型手機、平板電腦、智慧健康手環等。比較 2018 年與 2019 年不同世代的上網率可發現，55 歲以上的上網路率雖不及 X、Y、Z 世代，但在一年之內也大幅增加了 2 成之多。若更進一步比較所使用的網路服務前

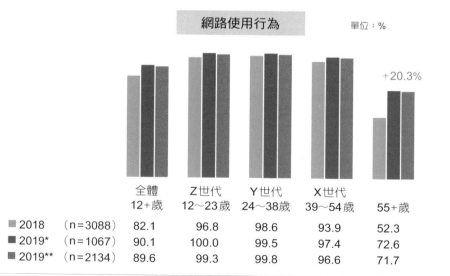

圖4-11　2018、2019 年跨世代網路使用行為比較

網路使用行為　　　　單位：%

+20.3%

	全體 12+歲	Z世代 12～23歲	Y世代 24～38歲	X世代 39～54歲	55+歲
2018 (n=3088)	82.1	96.8	98.6	93.9	52.3
2019* (n=1067)	90.1	100.0	99.5	97.4	72.6
2019** (n=2134)	89.6	99.3	99.8	96.6	71.7

備註：2019 年開始使用雙底冊調查，圖表中 2019* 呈現市話電訪樣本統計資料（n＝1067），2019** 為雙底冊樣本統計資料（n＝2134）
資料來源：財團法人台灣網路資訊中心《2019台灣網路報告》，2019 年 12 月

5 名，則會發現，55 歲以上族群最常使用的是即時通訊軟體（91.9%），
其次是上網看網路新聞（83.7%）（圖 4-11、4-12）。

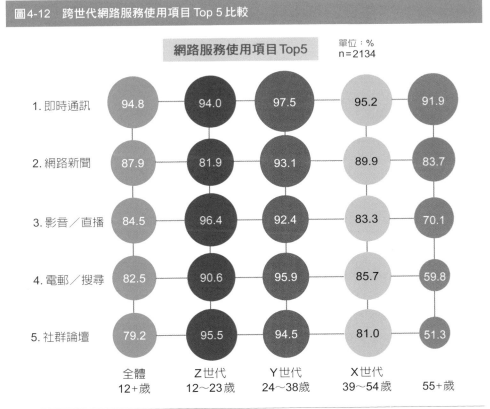

圖4-12　跨世代網路服務使用項目 Top 5 比較

網路服務使用項目Top5

單位：%
n＝2134

	全體 12+歲	Z世代 12～23歲	Y世代 24～38歲	X世代 39～54歲	55+歲
1. 即時通訊	94.8	94.0	97.5	95.2	91.9
2. 網路新聞	87.9	81.9	93.1	89.9	83.7
3. 影音／直播	84.5	96.4	92.4	83.3	70.1
4. 電郵／搜尋	82.5	90.6	95.9	85.7	59.8
5. 社群論壇	79.2	95.5	94.5	81.0	51.3

資料來源：財團法人台灣網路資訊中心《2019 台灣網路報告》，2020 年 2 月

電/子/書
免/費/下/載

台灣銀髮族智慧終端市場
三迷思

PART

2

企業案例篇

高齡者6大「怕」點與解決方案

05
怕生病

　　無論富有或貧窮，有偶或單身，老後最怕病來磨，人吃五穀雜糧，誰能不生病。根據《104 年中老年身心社會生活狀況長期追蹤調查》（2018 年 6 月出版，108 年 4 ～ 9 月已執行新版調查，尚未發布結果）結果顯示，台灣 50 歲以上的中高齡者當中，有 72.2% 的人罹患至少一種慢性病，有 36% 的人自覺平常身體有不等程度的疼痛，且有 14.8% 的人在過去一年之內跌倒或摔倒。

　　健康問題往往成了高齡者最大的不安全感來源，舉凡像是體力衰弱一動就累、害怕運動太激烈會受傷、擔心自己會失智、意外受傷沒人知道、臥病在床沒人可以照顧，或是常常忘了自己有沒有吃藥、該何時回診看醫生等等問題，都經常困擾著高齡者。

體力衰弱、怕跌倒——科樂美的解決策略

　　伴隨人體老化，肌肉會逐漸減少，40 歲以後人體的肌肉量流失速度是每 10 年減少 8％；70 歲以後則是每 10 年減少 15％，肌肉加速流失，全身性肌重量也持續減少，導致高齡者活動力下降，四肢不靈活，容易跌倒，甚至造成生活無法自理及死亡風險增加（圖 5-1）。

　　許多年高齡者「想」開始鍛鍊身體，卻總會浮現「該怎麼開始？」、

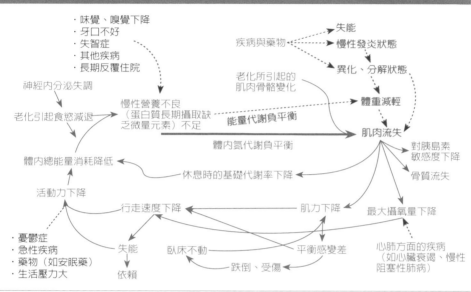

圖5-1　老人衰弱（Frailty）的惡性循環

資料來源：老年醫學會，MIC 整理，2020 年 2 月

「做什麼運動才適合自己？」、「健身房都是年輕人在去的，老人家我
會跟不上啦！」等諸多的疑惑，因此儘管對本身的健康狀態擔心害怕，
卻依舊對運動健身這件事裹足不前。

　　為因應上述需求，日本許多健身房開始為高齡者提供不同類型的健
身課程，像是日本東急不動產投資的 Tokyu Sports Oasis，在東京新宿
地區開設年長者專用教室，由受過特殊訓練，專門指導高齡者運動的教
練指導 60 歲以上熟齡會員運動；日本永旺集團的 3 Fit Gym 健身俱樂部，
則提供主要供延展、放鬆肌肉與關節的大量油壓式健身器材給熟齡會員
使用；又如美國加州的 Nifty after Fifty 健身房，在健身房醫生的監督
與健康評估下，為 50 歲以上熟齡人士提供 9 大類量身打造的健身運動，
並與 CareMore、Monarch HealthCare 等保險公司合作，提供 Nifty 會員
專屬方案，代為支付健身費用，降低高齡者的孤獨感。

以下介紹科樂美（Konami）公司提供的「OyZ People 運動學校」健身課程，課程目的在提升高齡者足腰肌力、鍛鍊腦部，預防跌倒等。

從娛樂跨足健康，進軍高齡市場

遊戲娛樂產業大廠科樂美公司旗下的運動俱樂部，主打強健核心肌群及足部與腰部肌肉鍛鍊課程，協助熟齡者開始運動，並做適合的運動，愉快地持續下去。提起科樂美，許多人會先聯想到電玩遊戲。事實上科樂美公司自 2001 年併購「People 健身房」後，就開始進軍健康產業，歷經十多年深耕，目前已發展為日本前 5 大健身俱樂部之一。員工人數 1,054 人，有 376 個服務據點（2018 年 3 月發布）。

起初科樂美運動俱樂部並沒有針對熟齡人士提供的專屬運動課程，但因考量日本自 2006 年進入高齡社會（14%）後，中高齡人口龐大且快速增加，預計 2030 年時全日本約有 1/3 的人口是 65 歲以上的高齡者，因而開始關注熟齡市場。2012 年科樂美運動俱樂部推出「OyZ People 運動學校」健身課程，提供強化軀幹、腰、腿等部位肌肉的健身方案，並訂立宏大目標：「透過『OyZ』品牌提供各類服務，以增進高齡者健康狀態並壓低醫療與看護費用」，2015 年則擴充課程內容，提供協助預防、延緩罹患失智症的腦部活化課程。

所謂「OyZ」，是由 Open（開放）、Youth（年輕）、Zip（活力）3 個單字的第 1 個字母結合而成，希望能提供身心雙管齊下的健身支援，協助高齡會員敞開心胸，擴大交友範圍，喚醒沉睡的年輕活力，不因為年齡漸長而輕言放棄。

同理高齡者體力已大不如前的擔憂

　　科樂美運動俱樂部深知熟齡人士的下列困擾：害怕體力衰退最終導致日常生活困難與不便，所以興起運動健身的想法，但又自覺生理狀態不如年輕人，大家一起進行健身課程時，可能會跟不上而拖累其他學員，為此覺得尷尬、不自在，因而放棄運動。為了解決上述問題，科樂美運動俱樂部打破過往混齡運動的形式，設計了 60 歲以上會員專屬的「OyZ People 運動學校」健身課程。課程採小班制教學，讓熟齡會員在專業物理治療師、健身教練陪同下運動，即使是不常運動、對體力沒有自信的人也能持續下去，上起課來比較沒有心理壓力。

創造邊玩邊運動的健身模式

　　此外，科樂美運動俱樂部發揚科樂美母公司的精神，並應用母公司以往累積的 knowhow，將「娛樂」融入「健康」活動中，因此在課堂上會運用該世代的人習慣、喜歡、能接受的方式提供健身服務。例如以熟齡會員年輕時的流行音樂作為運動時的背景音樂，讓運動的時間更有樂趣，並設計投入、競賽、分享成果的機制，提高參與運動的動機。

結合學研機構，培育人才與開發課程

　　儘管 OyZ 健身課程有許多創新之處，但要打造出這一系列的健身運動服務及產品，對出身娛樂、遊戲產業的科樂美公司而言是挑戰一個截然不同的陌生領域。為此，科樂美公司積極尋求與相關大專院校及研究機關合作，例如與大阪電氣通信大學、環太平洋大學、日本體育大學

合作開發健身房課程，訓練講師，提供在校生實習機會，並開發健身輔助商品等，持續發展各類客群健身所需的服務與商品（表 5-1）。

又比如 2015 年推出的腦部活化課程，是在 2014 年日本經產省推動的「健康壽命延伸產業開創計畫」下進行，科樂美健身俱樂部與日本國立長壽醫療研究中心合作，提出「Cognicise」方案（Cognition 認知＋Exercise 運動）理論，即一方面思考認知問題（如：簡單加減法）並同時運動，可望同步提升大腦及運動機能。

為協助更多熟齡者藉由運動增進個人健康狀態、減輕醫療與看護負擔，科樂美運動俱樂部也與政府部門合作，將 OyZ 健身課程推廣到照護機構，針對照護機構入住者提供更輕量化的健身課程，名為「OyZ Light」。透過「OyZ Light」，照護機構中的非臥床入住者可以體驗更多元的運動型態，讓肢體更靈活，也更有活力。

表5-1　科樂美運動俱樂部公司與大學間的合作

學校名稱	開始合作的時點	合作項目
大阪電氣通信大學	2007	• 協助創設健康運動系 • 派遣現職員工擔任講師 • 合作研發並促成成果商品化
環太平洋大學	2017	• 協助創設運動指導員學程 • 派遣現職員工擔任講師 • 提供相關實習機會
日本體育大學	2017	• 運動員涯規劃建議 • 邀請頂級運動員舉辦活動 • 合作開發健身房課程內容

資料來源：Konami Sports Club，MIC整理，2020 年 2 月

圖5-2 OyZ運動健身系列服務之產品與服務開發綜合分析

怕身體虛弱、怕拖累其他人

· 怕自己體力衰退、產生日常生
  活的困難與不便
· 怕自己體弱跟不上、拖累其他
  人，感覺尷尬、不自在

· 新人才
· 新健身課程
· 新產品

透過「OyZ」品牌提供各類服務，
以增進高齡者健康狀態並壓低醫療
與看護費用

· 將娛樂事業的knowhow融入到健康事業中
· 要用該世代的人習慣、喜歡、能接受的方式提供健康服務
· 要讓來運動的人知道自己的現狀，設計運動計畫，並予以記錄
· 創造投入、競賽、分享成果的機制，提高會員參與的興趣及動機

資料來源：Konami Sports Club，MIC，2020年2月

強化足、腰、腦，預防跌倒與失智

「OyZ People 運動學校」的健身課程每次上課 60 分鐘，內容包括：（1）課前身體狀況檢查，（2）熱身與伸展運動，（3）腰、腿部或腦部運動，（4）緩和運動等 4 部分，每週上課 1 次的月費 6,156 日圓（約 1,724元新台幣），每週上課 2 次的月費為 8,532 日圓（約 2,388 元新台幣），可合併腰、腿部強化、腦部活化課程計費。

足腰（腰、腿部）強化課程是從 2012 年開始提供，針對肌肉、肌腱、骨骼、關節、脊髓及末梢神經等運動器官衰退，嘗試改善相關症狀。在開始課程前，會藉由 WBI（Weight Bearing Index，體重支持指數）了

解熟齡會員目前肌肉狀況（表5-2），再依據個別狀況設計適當的運動
計畫，強化下肢肌肉耐力與關節靈活度，並持續追蹤 WBI 改善狀況，
衡量運動健身成效。如此一來會員們能在過程中看到自己的進步，找回
對自己的肯定與自信，而不是老沉浸在羨慕其他年輕會員運動表現的情
緒裡。

其次，腦部活化課程則是自 2015 年起，在 3 家（東京、千葉、神
奈川）運動俱樂部中優先導入「OyZ 腦部活化」課程（圖 5-3），其後
逐步導入各健身服務據點。課程中透過搖擺肢體的有氧運動，促進大腦
血液循環，同時進行認知問題問答，擴大對腦部的刺激範圍，延緩腦部
機能退化，讓運動充滿了娛樂感。上課時會以 60 年代的流行音樂作為
背景音樂，勾起熟齡會員年輕時的回憶，使熟齡會員能在當年熟悉的音
樂中享受鍛鍊身體的樂趣。收費方式則與足腰強化課程相同，因此熟齡
會員可以預先購買健身課程時數，自由選擇想參加的課程，或兩種健身
課程都參加。

表5-2　體重支持指數（Weight Bearing Index, WBI）意涵

指數得分	說明
WBI 40	• 雖然可以走，但有一些日常生活中的動作是困難的
WBI 60	• 可以站立，上下樓梯，輕鬆地跑
WBI 80	• 各式日常活動無礙
WBI 100	• 幾乎沒有健康問題，日常生活可以很輕鬆地自主活動
WBI 120	• 達到競技運動員水準

資料來源：Konami Sports Club，MIC 整理，2020 年 2 月

圖5-3　OyZ 的高齡者運動學校：足腰、腦部強化課程

足腰強化

服務訴求

· 藉由 WBI（Weight Bearing Index）體重支持
　指數了解高齡者目前身體的肌肉狀況
· 依據其肌肉狀況給予適當的運動計畫，強化下
　肢肌肉耐力與關節靈活度
· 與相同年齡層的人一起運動

 足腰強化

腿部肌肉運動　踏步動作　姿勢改善運動

腦部活化

服務訴求

· 可改善認知功能的有氧運動
· 運用 1960 年代當時的流行音樂當作運動時的
　背景音樂，使年長會員能在他們所熟悉的音樂
　中享受運動鍛鍊的樂趣

 腦部活化

有氧運動
促進大腦血液循環

頭部運動
搭配肢體的擺動，
擴大腦部刺激的範圍

**運動
程序**　課前身體狀況檢查 ⬇
　　　熱身與伸展運動 ⬇
　　　腰足部或腦部運動 ⬇
　　　緩和運動

**收費
標準**
· 60 分／次
· 每週 1 次／月費 6,156 日圓，每週 2 次／月費 8,532
　日圓（可合併腰足強化／腦部活化課程計費）

健身成效　83.7% 的人表示身體或精神方面有變好

服務革新

· 2012 年開始，用明確的 WBI 指數數值為依
　據，訂定運動計畫，並進行改善成效追蹤

服務革新

· 2015 年推出「OyZ 腦部活化」課程，第一階
　段在 3 家健身俱樂部（分別位於東京都、千葉
　縣、神奈川縣）中開設課程

資料來源：Konami Sports Club，MIC，2020 年 2 月

主動出擊，迎向新客群

　　推出足腰與腦部課程後，科樂美更進一步走出健身房，直接前往照
護機構提供「OyZ Light」健身方案（下頁圖 5-4）。有鑑於以往的照護
服務多以復健為主，OyZ Light 從運動的角度切入，提供「預防性照
護」，由科樂美的高齡運動專業物理治療師及運動專家，規劃 30 分鐘
的團體活動內容。課程銷售對象為照護機構，為照護機構開發安全且有
效的運動方案，並協助訓練照護機構的照護人員，帶領這些需要輔具及
些許照護服務的機構入住者「坐在椅子上」安全地運動，一方面鍛鍊腿

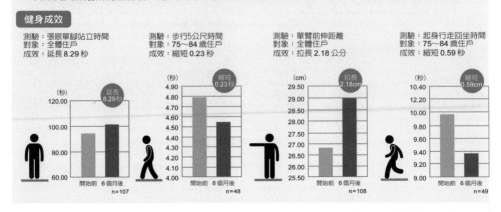

圖 5-4　OyZ 的高齡者運動學校：OyZ Light

OyZ Light

服務訴求

· 以往的照護服務多以復健為主，「OyZ Light」從運動的角度切入，提供「預防性照護」，以照護機構為目標，開發安全、有效的運動方案
· 由物理治療師、運動專家，運用科樂美在高齡者運動方面的知識，進行 30 分鐘團體活動內容的規劃，在照護機構內部進行運動
· 運動方案包括兩類「坐在椅子」上就可以進行的運動類型：
　(1) 腿部和軀幹鍛鍊方案：進行下肢與軀幹穩定、強化肌力的運動，讓更衣、如廁、洗澡更加流暢
　(2) 有氧運動方案：踏腳的同時也動腦，藉由同時執行雙重任務，達到活化腦部功能的功效

服務革新

· 客戶是照護機構，運動對象為需要輕度照護的機構住民
· 科樂美與照護機構簽約後，提供負責照護機構人的研習、運動方案設計及使用道具建議等協助

健身成效

測驗：張眼單腳站立時間
對象：全體住戶
成效：延長 8.29 秒

測驗：步行 5 公尺時間
對象：75～84 歲住戶
成效：縮短 0.23 秒

測驗：單臂前伸距離
對象：全體住戶
成效：拉長 2.18 公分

測驗：起身行走回坐時間
對象：75～84 歲住戶
成效：縮短 0.59 秒

資料來源：Konami Sports Club，MIC，2020 年 2 月

部、軀幹及四肢，並同時活化腦部認知功能。

借鏡與啟發

吸引熟齡會員：創造自在、愉快的健身環境

　　科樂美運動俱樂部以改善熟齡者健康狀態，降低醫療與看護費用為

期許，創造出相關運動環境與模式，讓熟齡者可以敞開心胸、在愉快、沒有壓力的狀態下運動。課程內容聚焦強化熟齡人士腿部、腰部及腦部機能，讓他們聽著年輕時熟悉的音樂，與年齡相仿的人一起運動，不用擔心自己會跟不上其他人或拖累他人，又可針對個人健康、體能狀況，進行重點強化。

轉換思維：把服務送到使用者面前

消費者在消費過程中，有時會扮演不同的角色，像是：「提議者」、「購買者」、「使用者」、「影響者」、「決策者」等。而熟齡市場的許多消費經常是「提議者≠購買者」，「購買者≠使用者」，以至於常常看到有一些產品是子女買了想給父母親使用，卻被擱置在一旁。

為了避免上述問題發生，科樂美推出 OyZ Light 健身系列課程，直接前往潛在使用者聚集地——照護機構，為居住在機構中的熟齡人士提供嶄新的健身課程。雖然「購買者」是照護機構，但化被動為主動迎向「使用者」（機構入住者），提供量身打造的運動方案。

當產業在思考如何把握熟齡商機時，也不妨從「提議者」、「購買者」、「使用者」、「影響者」、「決策者」的角度，思考如何進行訊息的溝通與傳遞？如何讓對象客群理解產品及服務特點？

忘東忘西、怕失智——Bspr 的解決策略

2014 年 6 月，美國失智症協會（Alzheimer's Association）曾經進行過一項跨國研究，抽樣 12 個國家、6307 位民眾，問到：「你最害怕罹患的疾病是什麼？」結果顯示排名第一的疾病是癌症（42%）、第二則是失智症（23%）。透過此一調查結果不難想見，世人對於失智後那

種漸進式的病程，緩慢剝奪患者生活自理能力與尊嚴的恐懼。

想要預防失智，延緩腦部機能退化，就得增加人際互動，培養興趣，養成運動習慣，並注重均衡飲食、充足睡眠等。除了前段介紹的科樂美運動俱樂部腦部活化課程之外，許多公司也紛紛推出學習療法、音樂輔療、藝術輔療、數獨動腦書籍等多種課程、活動，藉以協助熟齡人士對抗失智。

以下介紹的日本 Bspr 公司運用隨身攜帶的智慧手機，協助中高齡人士進行健腦活動，並藉由競賽、測驗與遊戲形式，讓高齡使用者樂在其中，有效改善腦部認知功能。

小公司、大志向

Bspr 公司（株式會社ベスプラ）是一家位在日本東京澀谷地區的微型企業，2012 年創立後提供 IT 顧問、系統工程服務，希望能持續開創有趣又有用、讓人們感到高興的服務，最終目標則是成為「能讓全世界都感謝的公司」。2014 年，Bspr 公司開發出名為「Timesale」的 App 軟體，提供附近店家限時優惠資訊，藉以創造店家及顧客雙贏，活化商圈營銷活動。

其後 2017 年，創辦人遠山陽介先生由親身體驗出發，開發出「健腦 App（脳にいいアプリ）」、「駕照更新用認知功能檢查」兩款應用軟體，幫助人們預防失智，強化腦部機能及測定腦部認知功能狀態，並於多項創意競賽中獲獎（表 5-3）。

此外，Bspr 公司亦獲得機會，參與日本內閣府與科學技術振興機構聯合推動的 ImPACT（Impulsing Paradigm Change through Disruptive Technologies Program，革新研究開發推動計畫）計畫，針對運用大腦

時間	說明
2016年3月	• 健腦App獲東京都認定為經營革新計畫 • 於日本經濟新聞及Pioneers（歐洲規模最大之新創企業活動主辦單位）合辦之PioneersAsia中獲選為2016年最受矚目的250家亞洲公司之一
2016年7月	• 於Infocom公司主辦之看護IT服務大賽中，榮獲優勝
2016年12月	• 三菱總合研究所（MRI）主辦之「未來共創創新網路商業創意大賽」最終入圍企業之一
2017年11月	• 全球知名製藥公司MSD舉辦之「Diabetes Innovation Challenge～挑戰糖尿病領域課題～」大賽最終入圍企業之一

表5-3　Bspr公司在創意競賽中的表現

資料來源：Bspr Inc.，MIC整理，2020年2月

資訊開創嶄新市場（下頁圖5-5），建構多元且緊密的創新生態系統（涵蓋產品、服務、研發至社會實際運用），在B3C（Brain Business Bridging Consortium，簡稱B3C）（頁105圖5-6）會議中提出產業界觀點與建議。小小的2人微型企業，卻有機會參與國家科技研發專案，顯見各界對其創新與技術的肯定。

從切身之痛出發

　　伴隨著日本超高齡社會來臨，失智症人口持續攀升。根據日本厚生勞動省研究、調查結果顯示，2015年時，日本失智症罹患人數約504萬人，輕度失智症人數436萬人；推估2025年時，失智症罹患人數將增加為730萬人（增加126萬人），輕度失智人數則將增加為634萬人

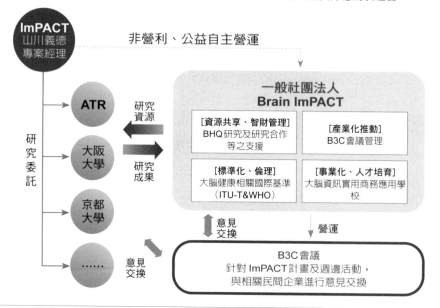

圖5-5　Brain ImPACT 計畫介紹

◆ Brain ImPACT創設目的之一為：為達成 ImPACT計畫之目標，「運用大腦資訊發展創新產業，提供相關支援」
◆ Brain ImPACT所扮演的角色：與 ImPACT計畫合作，針對不同業種企業之合作研究，提供相關支援，並支援BHQ研究活動、調度外部資金、推動標準化及培育相關人才等，提供整體研發支援，以加速 ImPACT計畫研發成果並實際應用於社會

備註：ATR 是株式會社國際電子通訊基礎技術研究所（Advanced Telecommunications Research Institute International）簡稱
資料來源：ImPACT，MIC 整理，2020 年 2 月

（增加 198 萬人）。

　　但遺憾的是失智症目前無法根治，新藥的開發也往往需要投入鉅額資金，進行冗長且繁複的臨床試驗，最終還不見得能得到有效的科學證據，研究人員經常在爭論「這個新藥會產生什麼副作用？開始用藥時，是否為時已晚？治療方式與抑制 β 類澱粉蛋白生成有無相關？」等問題。

　　2013 年時，Bspr 公司創辦人遠山陽介經歷過家人罹患失智症，當時因未能在家人有輕度認知障礙時就及時察覺，延誤了檢查就醫的時

圖5-6　B3C 會議成員

◆ 特設產學合作協議會B3C（Brain Business Bridging Consortium）進行跨領域、跨界交流，並協助橋接大腦科學研究成果的產業化
◆ 定期召開B3C會議，研發程式外，並以大腦資訊標準化、雛型研發及BHQ研究等活動為目標，促成產政學界間意見交換

交通運輸業
・Calsonic Kansei
・Denso
・Fujikura
・NISSAN

化妝品、日用品
・東海光學株式會社
・AEAJ

建築、文具業
・Kokuyo
・SEKISUI HOUSE

運動用品業
・ASICS
・太鼓中心
・BUTTERFLY

食品、飲料業
・伊藤園
・KIRIN
・SUNTORY
・東海物產
・OilliO
・新田洋菜株式會社
・FANCL
・Meiji
・森永
・Euglena
・UNITEC FOODS株式會社

電機、通訊業
・構造計畫研究所
・FUJIFILM
・Panasonic
・Bspr

量測技術
・ATR-Promotions

廣告業
・ADK

備註：所謂的「BHQ」是 Brain Healthcare Quotient 指數，該指數顯示大腦圖像中的大腦狀態，未來將作為大腦健康管理指標，相關量測及指數化的方法正在建置中
資料來源：ImPACT，MIC 整理，2020 年 2 月

機，導致全家人的生活都受到影響，也因而促成遠山先生決心開發失智症預防用軟體，協助更多人及早開始預防失智症，並了解本身與家人的認知功能狀態。

洞見隱憂，從理論萃取開發要素

遠山先生由於切身之痛，深刻理解失智病患與家屬的想法與心情，知道中高齡之後，人們會開始擔心自己或家人的失智問題，卻往往由於沒能及時發現，因而延誤就醫。為了藉由本身資訊軟體專長，協助更多人及早開始預防失智症。遠山先生歷時 4 年開發出相關 App 軟體。開發過程中，非醫療相關科系畢業的遠山先生開始大量閱讀國內外學術、

研究機構發表的文獻報告，歸納出預防失智症的可能方法，並將這些方法（包括：運動、飲食、腦部鍛鍊 3 大類）轉換為軟體開發元素，設計出符合科學理論的健腦 App 軟體。

理解人性，讓健腦活動變有趣

為使熟齡人士及其家人願意使用健腦 App，遠山先生以科學理論為基礎，並設計出有趣的內容，讓個別使用者可以對戰，還結合各地區吉祥物、知名動漫圖像設計遊戲關卡。此外，推動家族成員建立群組，以利相互關心彼此的狀況，也增進持續使用的意願。透過「競爭、共享、群體、獎勵、生活援助」機制，讓健腦活動不再枯燥乏味（圖 5-7）。

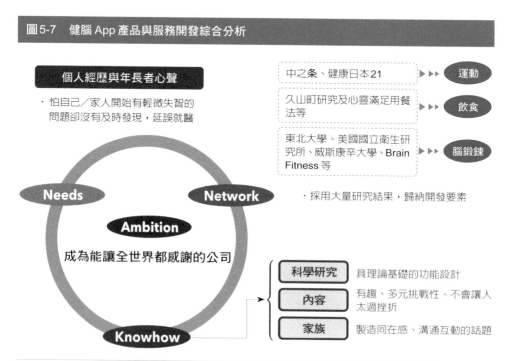

圖5-7　健腦 App 產品與服務開發綜合分析

資料來源：Bspr Inc.，MIC，2020 年 2 月

多管齊下，延緩失智、提升認知功能

健腦 App

2017 年 2 月，Bspr 公司發表「健腦 App（脳にいいアプリ）」。這是一款集合近代腦科學研究結果開發的腦部鍛鍊軟體，可分析用戶數據資訊，運用 AI 技術篩選適合的遊戲種類推薦給使用者，使用紀錄與操作資訊同步回饋給研究單位，以供失智症預防研究之用，藉以提供「大腦健康維持活動評估」機能（已申請日本專利，公告號 2017-223785）。

健腦 App 具備 5 大功能：（1）通知：活動通知；（2）計步：可設定每日步數目標、累計步數、知名徒步旅程（東海道 53 次約 500 公里、四國遍路約 1,200 公里）換算；（3）用餐：提醒、記錄飲食；（4）健腦遊戲：3 分鐘內完成計算、拼圖、找錯等遊戲，有個人與對戰模式；（5）評估：目標及實際達成狀況（圖 5-8）。

除此之外，可利用家族網頁瀏覽全家人整體表現，讓家人間彼此關

圖5-8　健腦 App 產品與服務介紹

產品訴求

■ 設計 5 大功能
　① 通知：活動通知；② 計步：可設定每日步數目標、累積步數、知名旅程換算；③ 用餐：提醒、記錄飲食；
　④ 健腦：三分鐘內要完成計算、拼圖、找錯等遊戲，有個人與對戰模式；⑤ 評估：目標及實際達成狀況
■ 每個月可免費進行一次「認知功能檢查測驗」

產品革新

■ 針對較弱化的認知機能、藉由 AI 進行遊戲題目與模式的挑選，藉此進行腦部認知機能的鍛鍊
■ 全家族成員都可以一起使用 App，瀏覽全體表現，讓家人之間彼此的關心，可以有更多的話題，相互鼓勵、一起維護身體健康，一個家族每月 500 日圓（最多 66 個帳號）

健腦效果

■ 在運動、用餐、健腦訓練三管齊下的狀況下，使用一個月的期間，用戶的認知力（記憶力＋42%、計算力＋21%、判斷力＋30%）約提升 30%

資料來源：Bspr Inc.，MIC，2020 年 2 月

心，有更多話題，相互鼓勵，一起維持身體健康。網頁使用費為一個家族每月 500 日圓（最多可登錄 66 個帳號）。

此外，每個月還可免費進行一次「認知功能檢查測驗」，量測自己的腦部認知功能。根據用戶使用結果分析發現，利用該 App 約一個月後，使用者認知能力提升約 30%（記憶力 42%、計算力 21%、判斷力 30%）。

認知功能檢查測驗

此外，自 2009 年起，日本 75 歲以上的駕駛人在更新駕照前必須先接受認知功能測驗。測驗時間 30 分鐘，費用 750 日圓（約 210 元新台幣），測驗結果分為 3 級，第 3 級僅需接受 2 小時的交通講習（5,100 日圓，約 1,428 元新台幣），第 1、2 級的駕駛人則必須接受 3 小時的交通講習（7,950 日圓，約 2,226 元新台幣）。如發現已經失智，則逕行吊銷駕照，以維護熟齡駕駛者與用路人的安全。

Bspr 公司的「駕照更新用認知功能檢查」（圖 5-9）忠實重現日本警視廳的高齡駕駛人「認知功能檢查」測驗，可裝載在電腦、手機、平板上。操作介面簡單，有手寫及網頁文本輸入兩種形式，測試時間 15 ～ 20 分鐘，並可立即看到測驗結果。

2017 年 3 月上市時可免費測驗，至 2018 年 2 月已吸引 8 萬人利用，伺服器為此不堪負荷，不得不購置新硬體設備，並改為收費服務（每次 200 日圓，約 56 元新台幣，僅接受刷卡）。檢查結果不滿 49 分者，表示記憶力、判斷力低落（有失智風險），滿分 100 者則可獲 Bspr 公司頒發獎狀予以表揚。

圖5-9　駕照更新用認知功能檢查測驗產品與服務介紹

駕照更新用認知功能檢查

產品訴求

- 日本 75 歲以上持有駕照的駕駛人約有 5.13 億人，其中不乏開始出現認知功能低下的人
- 忠實再現日本警視廳給 75 歲以上高齡駕駛人所進行的「認知功能檢查」測驗
- 可在桌上型電腦、筆記型電腦、平板電腦、手機上使用

產品革新

- 手機、平板、電腦上即可下載安裝，進行測試 15～20 分鐘的測驗，立即可看到測驗結果
- 簡單的操作介面，可以手寫、文本輸入兩種形式進行

收費與客戶激勵措施

- 2017 年 3 月上市，至 2018 年 2 月已有 8 萬人進行測驗，因伺服器不堪負荷，購置新硬體設備，並由免費測驗改為收費，每次 200 日圓（僅接受刷卡）
- 檢查達滿分 100 者，頒發獎狀表揚

資料來源：Bspr Inc.，MIC，2020 年 2 月

借鏡與啟發

正視需求，與外部機構合作

　　小企業可以有大志向，Bspr 公司志在減少失智症病患人數，降低醫療費用。該公司掌握人口結構老化之高齡社會大趨勢下延伸出的問題──失智症罹患人數增加，正視人們對於失智的恐懼，集合外部研究機構成果與能量，解析軟體開發要素，再將該要素轉換為具娛樂性的健腦 App 軟體，以透過健康生活、飲食建議與養成運動習慣，協助人們力抗失智症。

以人性為本、AI 為輔

　　Bspr 公司開發的軟體除了有堅實的理論基礎支撐外，對於人性的理解也十分細膩入微：例如設計了對戰、提醒等機制，圖像化飲食提醒與

紀錄，家人群組經營，逐次提升測驗難度等；再輔以 AI 技術偵測與增加題組變化，讓失智症的預防變得更加輕鬆愉快。

怕生病時沒人知道——MRT、OPTiM 的解決策略

車子開久了，總會有零件磨損需要修補或更換的時候，但如果是身體器官壞損，問題就沒有那麼簡單了。年紀大又加上獨居，對於自己的健康狀態更加容易疑神疑鬼，只要覺得身體有些異樣，就會擔心、害怕，深怕又生了什麼病。MRT 及 OPTiM 兩家企業著眼於熟齡人士對身體健康的擔憂，合作打造出 Pocket Doctor 平台，讓有診療及健康諮詢需求的人，能透過智慧手機與平板電腦在線上獲得診療，減輕就醫、領藥費時費力等相關負擔，使用者還能接受包含第二診療意見在內的專業諮詢。

掌握「遠距醫療」的契機，催生新服務

伴隨高齡化進展，日本年度醫療保健支出於 2015 年即已高達 45 兆日圓（約 12.6 兆元新台幣），預估 2025 年更將攀升至 60 兆日圓（約 16.8 兆元新台幣）。不僅醫療保健支出增加，醫療體系也呈現醫師不足且分布不均的情形。日本人口與醫師人數比例為每 1,000 人中 2.3 人，於 OECD 加盟國 34 國中排名第 29，明顯偏低；且區域間醫師人數差距甚至可達 1 倍。因此，許多醫療服務機構開始思考遠距診療的好處與可能性。

歷經多年討論並建構相關制度、規章後，2015 年日本政府研擬《骨幹方針 2015（骨太の方針 2015）》，內容提及「推動遠距醫療」，遠距

診療的推動與落實開始露出曙光。2017 年之內閣府第 7 次未來投資會議中，更明確提及計畫研討遠距診療、遠距服藥指導費率。

MRT 及 OPTiM 這兩家企業看到上述契機，從自身的專業領域出發，為熟齡人士找到想要多方徵詢醫療意見的新作法，解決即使想去就醫，也經常因為體力與移動能力減退，無法前往醫院；或不耐候診、取藥久候等問題。在遠距醫療相關規章、制度、技術、資料庫皆已水到渠成的狀況下，MRT 及 OPTiM 攜手打造出「Pocket Doctor」平台，照顧更多熟齡人士的健康。

Pocket Doctor 平台是一個醫療、健康諮詢服務平台，希望「運用有限醫師資源，有效提供診療、諮詢服務。讓所有人都感到醫師就在身邊而安心」。熟齡人士一旦覺得身體不適，可以在線上找到醫療資源，獲得由專業醫師提供的服務。平台 2016 年 4 月正式上線後，便在日本經濟產業省主辦之 Japan Healthcare Business 大賽榮獲優勝，隔年（2017）則入選日本經濟產業省推動的「IT 引進補助對象服務」，是唯一獲補助的遠距診療服務。

2018 年 10 月，Pocket Doctor 平台更進一步與地方政府愛知縣合作，推動遠距服藥實證實驗。愛知縣居民接受當地醫療機關診療後，處方箋寄往藥局，再由藥劑師透過 Pocket Doctor 進行遠距服藥指導。除了追蹤居民服藥情況及健康狀態外，並能了解使用者需求與意見回饋，作為後續開發新服務的參考。

與企業合作設立 Pocket Doctor

催生 Pocket Doctor 平台的兩家企業中，MRT 株式會社是一家醫療人才媒合及醫院行政業務管理支援平台服務公司，可提供醫師與健康照

護員人才仲介、醫療機關開設及營運顧問服務、醫師資訊傳遞媒體營運、醫護站 Groupware（群體軟體）營運，以及遠距診療、健康諮詢服務。在醫療人才仲介過程中累積的資訊，使 MRT 得以掌握醫師及醫療服務機構的專長與強項，運用醫師、醫院、機構資料庫等龐大的相關資料。MRT 目前有 140 名員工，資本額約 4.25 億日圓（約 1.19 億元新台幣，2017 年 3 月資料），企業使命是「透過醫師網路及 IT 技術，開創優質醫療」。

其次是新創企業──株式會社 OPTiM，這家新創企業專營 IoT 平台服務、遠距管理、支援服務及其他服務，創業者於日本佐賀大學在學中創業，目前有 182 名員工，資本額 4.33 億日圓（約 1.21 億元新台幣，2018 年 8 月資料），經營理念則是「建構具普遍性的科技相關服務商業模式，對全球人類帶來正面影響」。

OPTiM 公司運用自身研發出的「Overlay Technology」專利技術（專

圖5-10　雙企業互補合作共享平台經濟

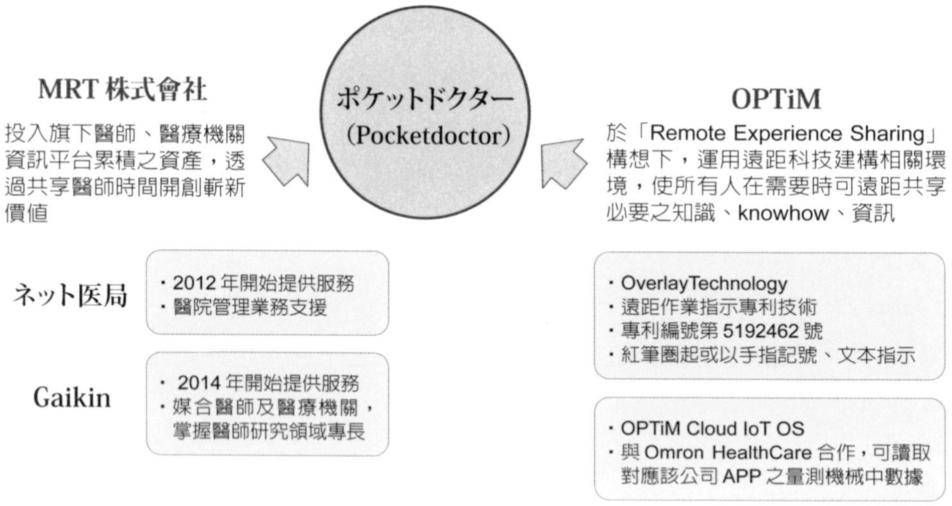

資料來源：MRT 株式會社、株式會社 OPTiM，MIC，2020 年 2 月

利號碼第 5192462 號），讓患者能在家裡用智慧手機與平板電腦拍攝出更清晰、高畫質的患部影像，醫師並能在畫面上即時以紅筆圈起患部或以手指記號與患者進行討論。OPTiM 的雲端平台並能讀取其他智慧手機或平板電腦 App 中累積之量測資訊，有效串聯、分析病患相關健康數據資料庫，使醫師能進一步掌握病患身體狀況，有助於提供更完善的醫療建議與健康諮詢（圖 5-10）。

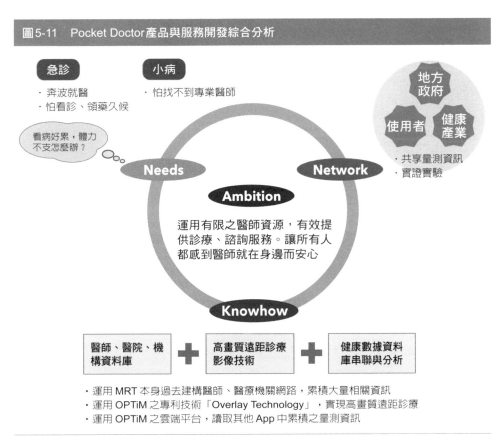

圖5-11　Pocket Doctor產品與服務開發綜合分析

資料來源：MRT株式會社、株式會社OPTiM，MIC，2020年2月

圖5-12　線上診療服務訴求與流程

產品訴求

- 可遠距接受常掛醫師之診療（第2次起）
- 從預約、診療、付款到處方箋及藥品(院內處方)配送，透過App提供一條龍式的服務
- 即使家裡離醫療機關遠，或高齡者行動不便，也能輕鬆在家接受診療
- 登錄時同意App讀取智慧手機或其他量測設備之健康數據，即可與醫療機關簡便共享

使用流程

STEP 1
線上預約

- 免費下載App（線上診療 Pocket Doctor）
- 會員登錄：填寫個人資料，並以拍照方式登錄健保卡
- 輸入醫療機關之登入用編碼，開始預約

STEP 2
線上診療

- 運用OPTIM提供之「Overlay Technology」技術，醫師透過影像通話，及在畫面上以紅筆或手指記號特定部位，確切指示或說明症狀

STEP 3
線上付款

- 以預先登錄之信用卡於線上刷卡付款
- 病患僅需支付看診費用

STEP 4
藥品、處方箋配送

- 院內處方之藥品直接寄送到病患家中，院外處方則寄送處方箋，病患再憑處方箋前往藥局領藥
- 寄送狀況可透過郵件確認

資料來源：MRT株式會社、株式會社OPTiM，MIC，2020年2月

從諮詢、診療到付費，網路上一次搞定

線上診療

　　熟齡人士在當地醫療機關初次看診後，第二次即可透過智慧手機或平板電腦App進行影像通話回診，從預約、看診到付費（線上信用卡付款）、開處方箋及處方箋藥品宅配到府等，Pocket Doctor提供一條龍式服務。尤其適合行動不便的熟齡人士在家接受診療，並減輕拿處方箋到藥局領藥的負擔（圖5-12）。

健康諮詢

　　舉凡日常健康諮詢到身心失調，熟齡人士可視本身需求於方便時間

預約諮詢。又或是即使本身已有主治醫師等，但對於病症治療仍有疑惑時，可選擇日本全國各地的專業醫師接受諮詢，做為第二診療意見（second opinion）參考。Pocket Doctor 平台羅列了各科別醫師群的簡歷資料，還有其他人諮詢後給予醫生的星等評價（最高 5 顆星）。熟齡人士可參考上述簡歷、評價預先購買服務點數、選擇希望諮詢的醫生及時段進行預約，預約完成即扣除點數。醫生則會依預約時段致電提供約 10 分鐘的諮詢服務（圖 5-13）。

圖5-13　健康諮詢服務訴求與流程

產品訴求

・自由選擇希望諮詢的醫師，預約自己方便的時間，進行遠距諮詢。例如可利用工作或下課休息時間，深夜或凌晨等醫院營業時段外時間也可預約諮詢
・可根據診療科別或性別，從登錄之日本全國醫師中選擇諮詢對象。本身已有主治醫師者，也可作為 second opinion 進行諮詢

使用流程

・免費下載 APP（健康諮詢 Pocket Doctor）
・會員登錄：填寫個人資料（包含過去病歷、健康狀態、目前罹患疾病及家族病史、目前服用藥物等）

⬇

・採購買點數後利用形式，點數利用期限為購買日起180天內
・選擇醫師後預約諮詢時間
　✔選擇時可參考其他利用者對醫師之評價（最高5星）
　✔醫師來電，開始諮詢，諮詢時間最長10分鐘

資料來源：MRT 株式會社、株式會社 OPTiM，MIC，2020 年 2 月

借鏡與啟發

發揮各自所長，讓 1 ＋ 1 ＞ 2

為提供熟齡人士更好的就醫服務，減少無謂的就醫行為，避免往返

奔波的辛勞，MRT 與 OPTiM 兩家企業攜手打造 Pocket Doctor 平台。本平台能提供更即時的健康諮詢服務，並為使用者找尋專精本身疾病的專業醫師提供第二診療意見，讓使用者能更加輕鬆且便利地找到醫師。有些時候，熟齡人士的身體健康問題深受心理影響，若能順利找到醫師諮詢，了解自己是否需要立即就醫，身體上的不適也就緩解不少。Pocket Doctor 所提供的遠距診療與健康諮詢服務，從共享資源的角度出發，由同領域之不同專長公司相互合作，開發出嶄新服務模式，並應用新興 3C 工具，為熟齡人士提供新型態醫療保健服務，發揮「1+1>2」的效果。

怕意外沒人知──歐力士汽車的解決策略

高齡獨居就怕「萬一」，不小心跌倒、受傷、發生意外時沒有人知道，因而發生憾事。因此許多業者發明各種緊急通報裝置，像是能提供在宅緊急救援按鈕、腕帶式跌倒感測裝置、離床偵測器等等居家或隨身攜帶的守護裝置。本段將針對「一旦發生意外，狀況就很危險」的駕駛行為，介紹另一種守護熟齡人士的服務──「安心駕駛 Ever Drive」。

不只租車，更在意行車安全

成立於 1972 年的歐力士（Orix）汽車公司（原為「東方租賃股份有限公司汽車租賃部門」），其主要業務內容包括：車輛長短期租賃、車輛共享、中古車銷售、車輛維修保養等。在日本地區旗下所管理車輛超過 160 萬台、燃料加油卡發行 70 萬張以上、ETC 卡發行 40 萬張以上，也提供超過 2,000 家企業車輛的車載資通訊服務。

　　歐力士汽車公司隸屬於集團中的「Maintenance Lease」部門，2015
年 3 月結算該部門利潤為 404 億日圓（約 113.12 億元新台幣），占整個
集團的 12%。同年 11 月歐力士汽車公司提出《歐力士集團汽車事業戰
略》，在該戰略中提及歐力士汽車公司的收益由租賃收益和服務收益組
成（圖 5-14），期許未來在持續加強「金融」和「汽車」專業性的同時，
也透過服務收益的占比提升，擴大整體收益規模。

　　另在汽車事業成長戰略中也強調了挖掘新市場及其需求的重要性。
歐力士汽車引用矢野經濟研究所的《2015 年度車輛租賃市場現況與展
望》報告中數據推估發現，擁有車輛數 9 台以下的用戶與個人用戶仍有
相當大的市場租賃擴展空間，其車輛租賃比例分別僅為 3% 與 0.3%（下
頁表 5-4），針對該市場的成長策略，歐力士汽車提出擴充商品種類與
販售管道的構想。

　　對熟齡人士而言，駕駛是重要的移動方式，更是彰顯生存價值的方
式之一。在個人用戶當中，熟齡駕駛的風險增加日益受到關注，日本警
察廳交通局發布的《平成 27 年（2015 年）交通死亡事故特徵》（2016
年 3 月 3 日）報告中比較各年齡層駕照持有人發生死亡事故的件數，平
均每 10 萬人為 4.4 件，而 70 ～ 74 歲年齡組為 4.8 件、75 ～ 79 歲為 7.0

圖5-14　歐力士汽車收益組成變化

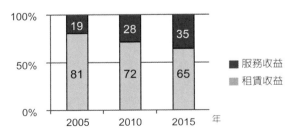

資料來源：歐力士，《歐力士集團汽車事業戰略》，MIC 整理，2020 年 2 月

表5-4　日本汽車市場規模與租賃比例

	大型用戶 （100 台以上）	中型用戶 （30～99 台）	小型用戶 （10～29 台）	9 台 以下用戶	個人用戶
市場總台數	180萬	185萬	375萬	1,760萬	5,350萬
租賃比例	75%	51%	9%	3%	0.3%

資料來源：歐力士，《歐力士集團汽車事業戰略》，MIC 整理，2020 年 2 月

件、80 ～ 84 歲為 11.5 件、85 歲以上為 18.2 件，大幅超過全年齡層的平均件數。

　　為因應個人熟齡客戶的駕駛風險，及公司內部戰略成長規劃，歐力士汽車推出「安心駕駛守護 Ever Drive」服務，期望善用公司過往經驗，解決熟齡人士所面臨的駕車風險問題，同時也提升公司在個人用戶市場的收益占比。

　　2017 年推出的「安心駕駛守護服務『安心駕駛 Ever Drive』」以 65 歲以上的熟齡人士為服務對象，為 NPO 法人高齡者安全駕駛支援研究會所認可的服務。服務開發過程中，上述研究會提供許多駕駛風險和失智症相關訊息給歐力士汽車作為系統開發之參考，例如車輛一直在同一個區域不停地繞圈，顯示熟齡駕駛可能出現失智迷惘的狀態等。藉由雙邊相互合作，「安心駕駛 Ever Drive」服務終於問世。

　　2017 年 2 月一推出後，「安心駕駛 Ever Drive」服務便獲得許多獎項的肯定，如：2017 年獲得 Good Design Award，該獎項是由日本設計振興會舉辦的國際性產品設計獎項。同年 3 月又在第 8 屆國際汽車通訊技術展（Automotive Telecommunication Technology Tokyo, Attt）舉辦的 Automotive Telecommunication Technology Tokyo Award 中榮獲「先

進安全／環境技術部門優秀賞」；2018 年 4 月則在由公益社團法人日本
行銷協會（公益社団法人日本マーケティング協会）主辦的「第 10 屆
日本行銷大賞」中榮獲「獎勵賞」。

導入 IoT 技術

歐力士汽車發現，即使是將熟齡人士駕駛風險明顯高於全年齡層平
均的結果攤在眼前，許多人仍然不願輕易放棄開車。除了難以覺察自己
駕車的反應速度變慢，視力、體力減退，以及失智症的病識感外，「放
棄開車」也被熟齡人士視為剝奪移動能力，某種生存價值消失的徵兆。

根據歐力士汽車的調查，30 ～ 50 歲世代的人有 76.3% 認為「汽車
是自己父母親的『必須品』」，這也意味著子女在擔心老父母親駕駛風
險的同時，其實很難開口說服他們放棄開車。這種說不出口的擔心，不
僅存在子女與父母親之間，也發生在熟齡伴侶彼此之間。

面對上述的問題，歐力士汽車提出了「讓自己珍視的人今後都能持
續安心駕駛」的理念，希望藉由駕駛數據的可視化與數據分析，掌握駕
駛人的駕駛行為狀況，守護高齡駕駛人的安全。

歐力士汽車在企業客戶的駕駛數據可視化方面，可說是經驗豐富。
2006 年起即開始針對企業客戶推出「e-Telema（車載系統資訊 e 化）」
服務，可即時反映駕駛實況，10 年後（2016 年）約有 2,000 家公司使用，
簽約車輛數為 13.7 萬輛。

導入「e-Telema」服務 1 年後，企業客戶的駕駛風險行為次數減少
65%，導入 2 年後更減少 80%，明顯改善企業客戶的用車安全（此為
「e-Telema」的簽約台數在 100 台以上且導入之後經過 1 年的企業，共
70 家企業 44,500 台車輛「突然加速」的數據），因此歐力士汽車以此

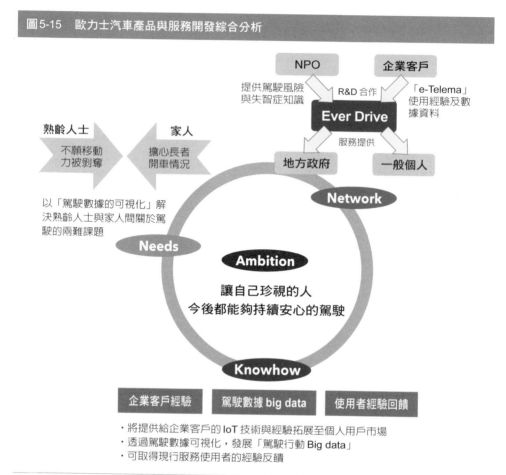

圖5-15　歐力士汽車產品與服務開發綜合分析

資料來源：歐力士汽車，MIC，2020年2月

Knowhow為基礎，推出了針對個人客戶的「安心駕駛Ever Drive」服務，
未來希望能收集「駕駛行為 Big data」，以開發對熟齡人士更友善的產
品，同時也取得現行服務使用者的經驗反饋，持續改善服務品質。

　　此外，歐力士汽車的「安心駕駛 Ever Drive」服務於 2018 年獲岡
山縣政府的「安全駕駛監測事業」採用。透過地方政府對 150 名參與者
無償提供「安心駕駛 Ever Drive」服務 6 個月（2018 年 9 月 1 日至
2019 年 2 月 28 日），地方政府得以收集該地區 65 歲以上熟齡人士的駕

圖5-16 「安心駕駛守護 Ever Drive」申請流程

STEP 1	STEP 2	STEP 3	STEP 4	
在官網上使用「適用車輛判斷」確認家中車輛是否可使用該專用設備	在官網上申請使用資料	填寫使用契約申請書後寄回	等待安裝作業店鋪聯繫，並拜訪駕駛者安裝專用設備，安裝時間約30分鐘至1小時	服務開始

契約申請書寄回後約需等待 3～4 週

資料來源：歐力士汽車，MIC，2020 年 2 月

駛情況，應用於今後相關交通安全對策研擬之參考。

歐力士汽車為熟齡人士所提供的「安心駕駛守護 Ever Drive」服務，上網即可申請安裝，手續簡便。使用者只需要在官網上輸入車輛資料進行「適用車輛判斷」，就能確認家中車輛是否可安裝「安心駕駛守護 Ever Drive」專用設備。確認自家車輛可安裝後，即可在線上填寫使用資料與契約申請書，最後再預約到府安裝設備的時間，安裝約需 30 分鐘至 1 小時（圖 5-16）。

提供風險識別、緊急救援等一體化服務

「安心駕駛守護 Ever Drive」服務（下頁圖 5-17）將「超速、突然加速、急煞車」視為駕駛風險，自動統計每日發生次數。駕駛人可上網或用手機查詢本月與上個月的駕駛風險次數，隔天並會發送駕駛紀錄給預先登錄郵件位址的家人，這些駕駛風險相關數據將在雲端資料庫中保存 3 個月。

圖5-17 「安心駕駛守護 Ever Drive」4項基本功能

功能1
超速 / 突然加速 / 急剎車 / 長時間駕駛
100km/h 以上 / 0.24G 以上 / -0.27G 以上 / 連續 2 小時以上
- 將超速、突然加速和急煞車三項行為視為駕駛風險，並計算每日發生次數
- 也可將長時間駕駛和晚上 6 點後的駕駛設定為駕駛風險

功能2
- 出門時沒有通知，或是不知道現在在哪的情況下，可提供即時查詢車輛所在位置的「現在在哪裡？」搜尋功能，讓家人安心

功能3
- 透過數據資料累積，可修正過去的駕駛風險，在地圖上也可確認是什麼時候、在哪裡可能會發生駕駛風險
- 也可作為判斷是否開始出現失智症症狀的依據

功能4
- 發生駕駛風險時可即時通知家人，一次最多通知 5 人
- 另外每一天的駕駛紀錄也會在隔天發送

資料來源：歐力士汽車，MIC，2020 年 2 月

　　此外，「安心駕駛守護 Ever Drive」服務在發生駕駛風險行為的當下也會立即發送電子郵件通知家人（最多通知 5 位），長時間駕駛（駕駛 2 小時以上）及晚上 6 點之後的駕駛也可設定為駕駛風險，一旦發生，當下也會發送通知郵件。

　　如果熟齡人士開車出門但沒讓家人知道，家人可以使用「現在在哪裡？」搜尋功能，透過車輛即時定位掌握車輛目前所在地，只要車輛所在位置收訊良好，即使車輛熄火仍可確認所在位置。但若車輛位於沒有訊號的地下室等處，或設備本身損壞，則有可能無法使用該功能。

　　參考累積的數據資料，駕駛人及其家人能確認什麼時候和在哪裡可能發生駕駛風險行為，據以提醒自己修正過去的駕駛風險行為，降低車

禍發生可能性。另外，由於在資料庫裡會記錄駕駛路徑，經查詢後也可從駕駛路徑中協助使用者及其家人判斷使用者是否已出現失智的徵兆。

附加服務：健康諮詢、腦部健康檢查等

除了上述基本功能之外，「安心駕駛守護 Ever Drive」還有三項可任選的追加服務（圖 5-18）。第 1 項為「Hello 健康諮詢 24」，歐力士汽車會提供一個使用者服務專線，由經驗豐富的醫師及護士提供 24 小時全年無休的電話健康醫療諮詢；第 2 項為「腦部健康 Check」，使用者可經由歐力士汽車的網頁，進行 10 分鐘的問卷測試，來確認細微的認知機能變化；第 3 項為「緊急支援服務」，在發生緊急狀況時，工作人員將即時趕赴現場，確認車輛或駕駛人的狀況，向委託人報告（出勤費用另計）。如此一來就算子女遠在他鄉或是獨居者，也能立即獲得良好接應。

圖5-18　「安心駕駛守護 Ever Drive」3 項附加功能

出勤費另計

Hello 健康諮詢 24

由經驗豐富的醫師／護士提供 24 小時與年中無休的健康醫療諮詢

腦部健康 Check

透過 10 分鐘的測試來確認細微的認知機能變化

緊急趕赴服務

在發生緊急情況時，工作人員將即時趕赴現場，確認車輛或駕駛人的狀況，向委託人報告
※出勤費用另計

資料來源：歐力士汽車，MIC，2020 年 2 月

借鏡與啟發

汲取客戶的實際經驗，開拓符合需求的新市場

　　許多熟齡人士認為「交回駕駛執照，等於棄械投降」，能隨心所欲過生活是晚年最幸福的事情，因而在駕車這件事情上面容易跟子女有所爭執。但一旦發生交通事故，又往往對自己與傷者造成很大的遺憾。

　　歐力士汽車深耕車輛租賃與周邊服務市場許久，首先向企業客戶提供車載資通訊服務，成功降低了駕駛風險，並從中累積了豐富的駕駛數據。在面對企業需要拓展個人市場的收益占比課題時，歐力士汽車調整既有產品以因應新的市場需求，不但達成擴張市場的營利目的，也在高齡化趨勢下協助解決熟齡人士駕駛風險此一社會課題。並持續應用個人用戶的經驗反饋，推出更加符合市場期待的產品。

怕忘了拿藥、吃藥——日本調劑的解決策略

　　儘管定期就診、領藥、服藥已是許多熟齡人士日常生活的一部分，但還是有許多人會發生「忘了領藥就不吃了」、「該睡前吃的藥變成飯後服用」、「常常覺得好像吃過藥，又好像沒吃」、「重複服藥或漏服藥」的情形。為免去長輩們舟車勞頓領藥的麻煩，改善忘記拿藥、忘記吃藥等問題，以藥局經營起家的日本調劑希望從使用者角度出發，以使用者已經 e 化的藥品調劑資訊為基礎，發展嶄新服務模式，協助病患與熟齡人士準時領藥、吃對藥。

逆境創新，從災害中遇見商機

　　日本調劑主業是經營連鎖藥局，於 2011 年 3 月時達成在日本「所有」都道府縣都開設門市的目標，2018 年 3 月時在日本全國共有 585 家藥局門市，旗下藥劑師約 3,000 名。該公司業務內容多元，包含：優質醫療服務、多元門市拓展、學名藥製造與推廣、藥劑師教育、藥劑師體驗實習、醫療 IT 技術應用、居家醫療整合服務等。

　　日本長久以來普遍有使用記事本記錄用藥狀況的習慣，這類型的服藥記事本記錄著過去曾服用的藥物、病歷、過敏情形等，方便醫師或藥劑師了解病患的資訊。

　　發生在 2011 年 3 月的東日本大地震是日本調劑決定將服藥資訊電子化的關鍵時刻。地震發生後，日本調劑派遣藥劑師至東京的避難場所，並將存放在總公司資料庫中的處方箋備份資料列印出來，以供災民就醫時使用。以此為契機，日本調劑開始探討活用「備份處方箋資訊並提供服務」的可能性。

　　同時，在高齡化趨勢發展下，日本調劑希望能突破「只與藥劑相關」的企業形象，成為各地區所有人的健康守護者。像是 75 歲以上居家年長者一年產生約 475 億日圓（約 133 億元新台幣）的「殘藥」（沒有服用完或是忘記服用的藥品）問題，日本調劑也希望能透過藥局的力量協助解決。

　　日本調劑自創立初期起就很關注 ICT 科技發展，更在國家政策支持以前就已經投入資源開發「服藥記事本 Plus」，並於 2014 年推出服務，希望透過 ICT 投資站穩在藥局業界的領先地位，「服藥記事本 Plus（お藥手帳プラス）」的推出也象徵著藥局新時代的到來。（備註：日本厚生勞動省於 2015 年發表的「病患用藥局願景（患者のための薬局ビジ

ョン）」中，打出希望在 2020 年達成「醫療照護 ICT 正式啟動」的目標；
且自 2016 年 4 月起，承認電子服藥記事本地位等同長久使用的紙本服
藥記事本）。

2014 年，日本調劑與 IT 公司合作推出電子版服藥記事本──「服
藥記事本 Plus」。使用者可透過智慧手機或電腦來管理藥劑、健康資訊，
進行健康管理。服務剛推出時，使用人數不到 2 萬人，至 2017 年 8 月，
登錄使用人數則已經突破 20 萬人，短短約 4 年內暴增 10 倍。2017 年
10 月，日本調劑並與日本第一生命保險株式會社業務合作，在第一生
命所提供的健康促進 App「健康第一」的「進階選單」頁面上搭載了「服
藥記事本 Plus」，加速拓展使用人數（圖 5-19）。

圖5-19　日本調劑「服藥記事本 Plus」月份別會員數累計變化

備註：統計至 2017 年 9 月 15 日之數據
資料來源：日本調劑，MIC 整理，2020 年 2 月

結合自身優勢，跨業合作

　　長期經營藥局的經驗使日本調劑了解熟齡人士大多是在醫院就診拿到處方箋後，至特約藥局領藥，過程中有時會耗費較多時間，許多身體不好的長輩沒有足夠的體力在藥局乾等。而且因為健康因素，熟齡人士經常需服用多種藥物，容易發生忘記服藥而導致藥物剩餘、浪費，甚至可能因為多種藥物間的交互作用對身體造成傷害。

圖5-20　日本調劑產品與服務開發綜合分析

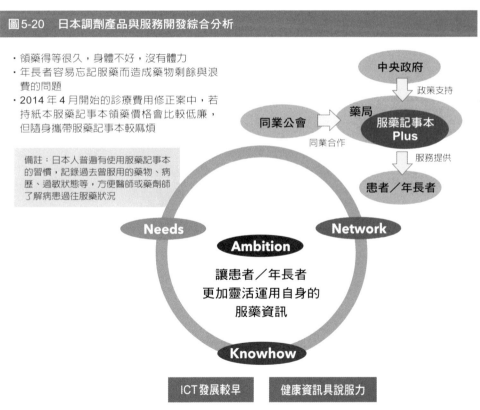

- 領藥得等很久，身體不好，沒有體力
- 年長者容易忘記服藥而造成藥物剩餘與浪費的問題
- 2014 年 4 月開始的診療費用修正案中，若持紙本服藥記事本領藥價格會比較低廉，但隨身攜帶服藥記事本較麻煩

備註：日本人普遍有使用服藥記事本的習慣，記錄過去曾服用的藥物、病歷、過敏狀態等，方便醫師或藥劑師了解病患過往服藥狀況

中央政府
政策支持

同業公會　→　藥局
服藥記事本
Plus
同業合作

服務提供

患者／年長者

Needs　　　Network
Ambition
讓患者／年長者
更加靈活運用自身的
服藥資訊
Knowhow

ICT 發展較早　　健康資訊具說服力

- 公司創立時就很注重 ICT 發展，已建立起可迅速應對各緊急情況的體制
- 本業為藥局，因此可提供正確的健康資訊（多數發布電子服藥記事本 APP 的企業為網路通信公司，因此額外的健康資訊是其他電子服藥 APP 中較少見的）

資料來源：日本調劑，MIC 整理，2020 年 2 月

　　另外與台灣非常不同的是，在日本至藥局領取處方藥時，還需要再支付給藥局一筆費用，因此最終藥價中會包含「藥劑服用履歷管理指導費用」。2016 年 4 月起適用的《平成 28 年度（2016 年）診療費用修正案》中規定，若在 6 個月內持服藥記事本至同一家藥局領處方藥時，藥劑服用履歷管理指導費用會比較低廉。但對許多長輩而言，隨身攜帶服藥記事本較為麻煩，不如透過手機使用的電子版服藥記事本方便。

　　在上述情況下，日本調劑打出「讓病患／年長者更加靈活運用本身服藥資訊」的目標，服務內容包含服藥、健康管理，再加上各種有用的健康資訊，協助使用者維持身心健康。

　　日本調劑原本已設有資訊系統，並設有專屬部門大量收集各項藥局營運相關資訊，相關體制可迅速應對各類緊急狀況。相較於其他發布電子服藥記事本 App 的企業，日本調劑是少數本業為藥局的企業，因此可提供正確且令人信服的健康資訊。同時，日本調劑也和同業公會合作，引用公會所提供的眾多產業趨勢、新知，這也使得「服藥記事本Plus」的內容更加豐富。可同步整合串聯其他額外健康資訊這點，其他電子服藥 App 更是望塵莫及。

藥品管理功能的 e 化

　　「服藥記事本 Plus」是將紙本服藥記事本中的藥品管理功能 e 化後，再另外加上健康管理功能（圖 5-21）。所謂藥品管理，包含了不同藥物協調使用，根據藥物副作用履歷與病歷確認是否過敏，及緊急時正確傳達藥品使用資訊等。健康管理則是協助縮短藥局領藥等待時間、管理看病日期或服藥時間、家族情報共享等內容。6 大主要功能如下：

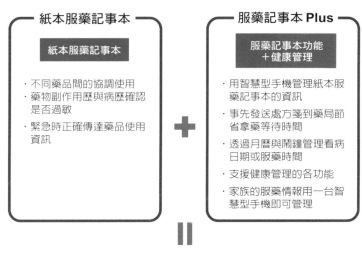

圖5-21　紙本服藥記事本與「服藥記事本 Plus」之加乘關係

紙本服藥記事本

紙本服藥記事本

· 不同藥品間的協調使用
· 藥物副作用歷與病歷確認是否過敏
· 緊急時正確傳達藥品使用資訊

＋

服藥記事本 Plus

服藥記事本功能
＋健康管理

· 用智慧型手機管理紙本服藥記事本的資訊
· 事先發送處方箋到藥局節省拿藥等待時間
· 透過月曆與鬧鐘管理看病日期或服藥時間
· 支援健康管理的各功能
· 家族的服藥情報用一台智慧型手機即可管理

＝

藥品管理 PLUS 健康管理
附加各種有用的情報讓身心每天都健康

資料來源：日本調劑，MIC 整理，2020 年 2 月

箋箋**功能 1：電子處方箋**

使用者將處方箋拍照後傳給欲前往領藥的日本調劑藥局或是其他合作藥局，在藥品調配好之前可以先在家休息或上街購物，有效利用時間。等收到手機通知後，再到預約藥局領取藥品。雖然需要持處方箋正本前往領取，但仍為長者節省許多時間。

功能 2：服藥記事本

透過「服藥記事本 Plus」可以直接管理紙本服藥記事本的資訊，若是在日本調劑藥局以外的藥局領藥，則可透過掃描 QR 碼或自行輸入方式來登錄處方箋內容。只要是會員，在日本調劑藥局領取的藥品資訊會自動登錄至 App 內，不需要每次重新輸入。

功能 3：健康管理

「服藥記事本 Plus」記錄每天的相關項目健康狀態資訊，並進行圖表化，如：體重／ BMI、走路步數、血壓／脈搏、血糖值、檢查紀錄等。另外也可以連接 NFC 通信的 Android 機種，讀取連動健康管理設備的數據。

功能 4：健康資訊內容

「服藥記事本 Plus」會發送日常生活健康、預防重大疾病等有益健康的參考資訊給使用者，目前固定發送內容如下：（1）心靈休憩室：可體驗讓心靈變輕鬆的「認知行動療法」；（2）心靈聊天室：每週由精神科大野裕醫師發送訊息（付費）；（3）傳染疾病流行資訊：可取得日本全國正流行的傳染病相關資訊；（4）藥劑師專欄：由日本調劑旗下藥劑師發送正確的醫藥相關資訊。

功能 5：行事曆

可以設定鬧鐘來提醒使用者按時服藥，並記錄服用過的藥物，以掌握服藥情況，管理看病行程及付費紀錄。

功能 6：家族管理（僅限會員）

目前「服藥記事本 Plus」預設一部智慧手機可管理多位使用者的服藥資訊，人數並無限制。另外可同時允許 3 部智慧手機瀏覽一名使用者的服藥資訊，協助家人照顧家中長輩。

借鏡與啟發

活用數據，邁向數位轉型之路

　　本業為藥局經營的日本調劑在 311 大震災時發現應用醫療備份數據的必要性，再加上自公司創立初期起就重視 ICT 技術並長期投資，因此在國家政策開始推動前，就開發出 e 化服藥記事本，成為藥局同行的先驅。和其他同樣推出 e 化服藥記事本的企業相較，日本調劑是少數且具規模的醫藥企業，因此能夠提供更具附加價值的服務。從本業出發，藉由投入 ICT 科技發展出嶄新服務，為藥局產業數位轉型之路開先河，並寫下亮眼的篇章。

電子書
免費下載

即時定位系統於醫療照護
之應用發展分析

06
怕沒錢

「退休」是許多勞苦上班族心心念念的事，經常期待這一天趕緊到來。然而真正退休之後，天天睡到自然醒的悠閒生活，卻經常讓人感到沉悶，甚至憂心養老金不夠用。持續下降的存款水位，讓許多熟齡人士感到不安，假使身體狀況許可，運用自己的人脈、專長、嗜好，再就業或創業，都是可行的選項。本章將介紹專為熟齡人士進行工作媒合、創業輔導、提供彈性工作、微型創業的案例，以及在開拓財源之餘，協助熟齡人士預防詐騙顧荷包的服務案例。

還想工作，但不知做什麼——高齡社的解決策略

許多退休後的熟齡人士雖然覺得自己寶刀未老，卻又不知道可以再做些什麼工作？高齡社便是從如此觀點開始創業，建構企業與退休人士之間的工作媒合平台，將有工作意願及能力的熟齡人士與需要彈性勞動力的企業鏈結在一起。

2000 年創業的高齡社，至今已邁入第 20 個年頭，長期經營熟齡人士工作媒合，2012 年時還曾在日本中小企業基礎整備機構主辦的「Japan Venture Awards」中榮獲「高齡者雇用支援特別獎」，也曾入選日本經產省的「人才多元化經營百大企業」。

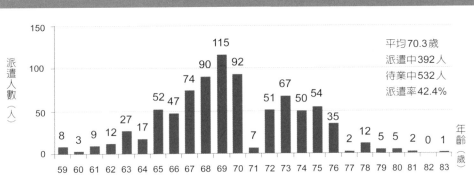

圖6-1　高齡社社員登錄情形

備註：數據資料時間為2018年1月
資料來源：高齡社，MIC整理，2020年2月

　　「高齡社」公司名稱的由來，是取自「高齡『者』」日文發音的諧音（日文中「者」與「社」發音相同），希望讓大家看（或聽）過一次就留下深刻印象。該公司成立於 2000 年，如同前述，是一家高齡人才派遣公司。目前員工人數僅 27 人，平均年齡 62.5 歲，登錄社員人數則有 983 人（2018 年 6 月 28 日查詢），平均年齡 70.0 歲（圖 6-1）。

告別「產業廢棄物」，再現個人價值

　　近年來日本社會少子高齡化進展迅速，65 歲以上高齡者之總人口占比從 2005 年的 20.2%，2013 年攀升為 25%，預估到 2023 年更可能超過 30%，2052 年高達 40%。上述占比攀升意味著勞動力減少、儲蓄率降低、醫療費用增加、年金負擔沉重、財政稅收減少等，社會、經濟、國家財政層面均受到相關影響。

　　高齡社創辦人上田研二先生 1956 年高中畢業後就進入東京瓦斯公司服務，一待 42 年，1998 年自東京瓦斯公司董事職位退休。退休後成

天待在家裡無事可做，即使一天遛狗 5 次也還是覺得自己像是「產業廢棄物」。

面對此低潮，上田先生憶起 1993 年曾聽過當時的內閣總理大臣橋本龍太郎先生演講，演講中提到：「未來會是一個勞動力不足的時代，為彌補勞動力的不足，應該積極開發『女、老、外、機器人（AI）』這 4 類勞動力」。上田先生因而萌生創業念頭，希望幫助所有跟他一樣退休了但還想繼續工作的人，找到適合自己的工作。

幫企業找人手、幫長輩找回存在感

高齡者持續工作有許多好處，有事可做，有地方可去，不會整天待在家裡，也不打亂太太原本的生活節奏。公司是一個不用特別花錢就能獲得歸屬感的場所，只要不勉強自己過於勞累，每週工作 3 天是可以接受的。另外，退休後又持續工作的人在公司、家裡都會有存在感（受依賴，有人需要自己的感覺，與社會有所接觸），同時也可以有一筆收入，讓老年生活過得更有餘裕。

根據過去的工作經驗，上田先生了解許多企業的業務活動都有淡旺季之分，再加上少子化，人力不足的情形在所多有，若能有穩定、值得信賴又可以彈性因應的派遣勞動力協助完成工作，相信許多企業都願意聘僱。高齡社精準地滿足了熟齡人士對於再度工作的渴望，也為企業填補了旺季的勞動力缺口，解決相關社會課題。

高齡社專門提供熟齡勞動力的仲介派遣服務，儘管創業初期的工作選項只有上田先生以往服務的東京瓦斯公司，但後來也陸續開拓了其他企業客戶。目前高齡社的派遣工作項目從瓦斯業界相關的管線檢修、展示接待、抄錶收費、性能測試、警報器安裝（換裝）等，到非瓦斯業界

圖6-2　高齡社服務開發綜合分析

・提出勞動力需求
・提供工作

東京瓦斯

其他企業

政府

・協助轉介

政府社會課題解決的需求

退休者需求
・多賺點養老金
・利用過去經驗、技術
・與社會有所連結

企業用人需求
・業務繁忙期
・彈性、平價
・即戰力

Needs

Network

Ambition

協助促進勞動力活用，作為能讓高齡者「健康且安心工作的公司」永續發展，成為對社會有所助益的企業

Knowhow

工作內容設計　勞動力需求　多元工作選擇

・了解企業對彈性勞動力的需求，並進行工作內容設計
・了解高齡者想工作的意願，並提供必要的職前訓練
・運用人脈網絡，多元化擴充企業派遣工作項目

資料來源：高齡社，MIC 整理，2020 年 2 月

的家電修理、駕駛助手、大樓管理員、清掃人員、貨品陳列、會計、總務、餐廳服務生、屋頂綠化維護等，類型十分多元。其中大約有 6 成是東京瓦斯集團相關業務，其餘 4 成則與東京瓦斯集團無關。

營造「追求員工滿意度」的良性循環

高齡社公司品牌標誌是由黑、紅、綠色線條形成的倒躺「高」字，

其中紅色線條代表「熱情」與「生命力」，綠色線條代表「信賴」與「智力」，黑色線條則代表「熟練」與「經驗」，也隱含著創辦人的經營理念：（1）為高齡者提供工作場所與生活意義，（2）秉持人道主義的精神，重視「員工」，更勝於「顧客」、「股東」，（3）運用熟齡人士豐富的經驗，以高品質、低成本、靈活的應對能力為客戶提供優質服務，（4）努力營造「智慧、汗水、美德」兼具的企業文化。

因此只要熟齡人士年滿 60 歲以上、未滿 75 歲，具備韌性、體力與智慧，向高齡社提出申請便可登錄為聘僱員工。高齡社會依據該員願意工作的時間、有意從事的行業與勞動內容媒合適當企業，媒合成功後並提供派遣行前說明及工作技能講授活動，協助派遣出去的員工盡早進入

圖6-3　高齡社派遣服務模式

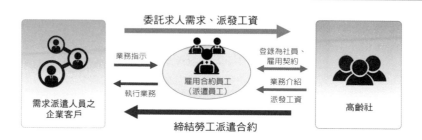

委託求人需求、派發工資

業務指示

登錄為社員、雇用契約

業務介紹

派發工資

執行業務

締結勞工派遣合約

需求派遣人員之企業客戶

雇用合約員工（派遣員工）

高齡社

企業客戶受惠處
① 對應期間變動業務：月底等繁忙期，限定期間的業務對應
② 減輕勞務管理負擔：招募、面試、雇用等，保險手續
③ 壓低成本：不需社會保險，壓低員工加班費或補假津貼
④ 立刻派上用場：簡單的初步教育，理解專業用語，作業經驗
⑤ 人生經驗豐富：年輕人欠缺的人情味，提供建議

高齡社受惠處
① 人是珍貴的財產：員工活力十足且認真工作，使得公司獲得信任
② 客戶企業的感謝：對高齡社而言是無上的喜悅（評價高才能帶來下一次委託）
③ 風評效果絕佳：不需要花錢打廣告卻一路成長
④ 透過工作貢獻社會：提供勞動力本身就是社會貢獻（延長健康平均餘命，壓低醫療費用，促進高齡社會活化）

資料來源：高齡社，MIC 整理，2020 年 2 月

狀況。

　　同時，高齡社也會與需要派遣人員的企業進行面談，掌握業務支援內容及需求，並了解該當企業之所以願意聘僱高齡者的動機。工作勞動型態不一而足，可以兼顧工作與本身生活的平衡，有些工作需要兩人一組分工，也可能每週只工作三天等。因此，有些登錄員工每週工作 2 ～ 3 天（月收入 8 ～ 10 萬日圓，約 2.24 ～ 2.8 萬元新台幣），也有些人每週工作 6 天（月收入約 15 萬日圓，約 4.2 萬元新台幣），甚至有人與高齡社簽訂的契約是 1 年工作 11 個月，剩下 1 個月要出國旅行。

　　多數企業都追求「顧客滿意程度」，但不同於其他企業，高齡社追求的是「員工滿意程度」。高齡社認為員工是珍貴的資產，唯有員工充滿活力，認真工作，才能獲得客戶企業感謝。只要有感謝，就會有口碑；只要有口碑，就會有更多企業願意委託高齡社仲介派遣勞動力，形成良性循環。對企業來說，不僅可以藉由派遣人力支應繁忙時期龐大的業務量，也能減輕公司內部招募、面試、僱用、保險等負擔。而高齡社的收入來源則是由派遣薪資中抽取一定比例，以維持公司基本運作。

借鏡與啟發

深入了解供需雙方的需求與期待

　　工作除了可以賺取金錢上的收入外，對人們的意義莫過於挑戰、成就感與同事同甘共苦等心靈的感動。高齡社深知這些「退而不願休」的熟齡人士對於工作的想望，也同時理解企業對彈性因應勞動力的需求，因此根據熟齡人士工作意願、能力、時間、工作內容媒合適當企業，並給予相關協助。

優質的工作內容設計，創造快樂的員工

站在勞方角度，高齡社深信快樂的員工才能提供優質服務，從而做出派遣業務的口碑，打響高齡社名號。相較於追求「媒合成功率」的其他公私部門，更凸顯出高齡社與眾不同之處，也成了該公司能屹立不搖的原因之一。在高齡社的努力下，顯示只要工作內容設計得宜，高齡者也可以學習新的工作技能，成功履行客戶企業交付的任務，獲得客戶企業肯定。

想創業，又怕蝕老本──銀座第二人生的解決策略

與「青創族」相比，退休後創業的「熟創族」更冒不起風險，倘若大半輩子的積蓄因為創業失敗坐吃山空，落得房子拍賣抵押，生病無力就醫，如此淒涼的晚景還不如不要創業。因此雖然許多退休人士想創業，卻也對創業失敗可能會蝕了老本這點感到憂心。為協助熟齡人士成功創業，降低創業成本與風險，日本「銀座第二人生」公司動念提供相關服務。

成為熟齡創業的好幫手

「銀座第二人生」公司距日本東京銀座車站約莫 10 分鐘路程，自2008 年成立以來，提供熟齡人士創業及創業後的法律、會計相關支援，如出租辦公室、公司設立及個人創業諮詢、事業計畫研擬、合約製作、記帳服務等，並舉辦創業人士交流會及相關講座，是東京唯一一家專門協助年長者創業的公司。該公司陸續接受仙台市、青森縣、橫濱市、神奈川縣、埼玉縣等政府部門委託，參與當地熟齡創業手冊編撰，不吝分

享本身累積的經驗與 knowhow，協助地方政府輔導當地熟齡人士創業。此外，至今已有超過 6,000 家企業租用該公司提供的出租辦公空間。

2013 年，「銀座第二人生」榮獲橫濱企業經營支援財團主辦之橫濱商務大賽「優秀獎」，2014 年則榮獲日本中小企業基礎整備機構主辦之「Japan Venture Awards」的「中小機構理事長獎」，並曾入選經產省遴選之 300 大「活躍中小企業、小規模業者」等。目前除了銀座外，銀座第二人生公司還在新宿、池袋、橫濱、築地、川崎等地區共開設了 12 處出租辦公室，提供熟齡創業人士租用。

助人為創業之本

面對來勢洶洶的人口高齡化問題，日本在 1997 年就建立了長照保險制度，2005 年正式邁入超高齡社會（65 歲以上高齡者人數之總人口占比超過 20%），2006 年《高齡者雇用安定法》開始施行，逐年延後退休年齡，延長僱用，廢止退休制度，讓有意願繼續工作的熟齡人士可以繼續工作。

但是熟齡人士除了延後離開職場外，「創業」也是另一選項。日本經產省《2014 年中小企業白皮書》中引述總務省所作的《就業構造調查（2012 年）》結果進行分析後發現（下頁圖 6-4），日本創業家的年齡層別占比在 1979 ～ 2012 這 30 年間大幅改變，創業不再是年輕人的專利。創業人士中 50 歲以上者占比由 1979 年的 18.9% 大幅攀升，2007 年時已高達 42.1%，熟創風潮興起。

銀座第二人生公司創辦人片桐實央幼年時雙親都在工作，祖母為照顧她而結束了自營的餐廳生意，留在家中。然而片桐小姐完成學業出社會工作後，卻因為工作忙碌無暇陪伴祖母。祖母 67 歲失智後，片桐小

圖6-4 日本總務省相關調查中之歷年創業人士年齡比例

註1：所謂「希望創業者」係指目前有工作且希望換工作的人當中，回答「希望自己創業」者，或目前無職業者回答「希望自己創業」者
註2：所謂「創業家」係指過去1年內換工作或新就業者當中，目前為自營業者（不包含家庭加工）
資料來源：日本經產省，2014年《中小企業白皮書》，MIC整理，2020年2月

姐很後悔自己沒能多花點時間幫祖母找到第二人生中值得投入的事物，因而在27歲那年以300萬日圓（約84萬元新台幣）的資本創立「銀座第二人生」公司，希望能協助像祖母一樣的熟齡人士找到退休後的生活意義，並期許未來要在日本全國各主要城市開設出租辦公室，支援並促成更多熟齡人士創業，以獲得成就感。

積累能耐，整合資源

　　片桐小姐畢業於日本皇室喜歡就讀的學習院大學，攻讀法律專業，畢業後她到花王公司、大和證券工作，參與承銷、企業上市櫃等相關業務。在大公司工作的這段時間裡，片桐小姐有許多機會與50～60歲的

管理階層一起工作，了解了許多經營管理層面的問題；也正因為這段時間的經驗，讓她體認到許多熟齡人士就算是屆齡退休還是想繼續工作，或是希望能自己創業，享受工作樂趣與成就感。熟齡人士創業多追求低風險、低回報，但也希望增加收入，做有益社會的工作，並再次利用上班族時代的知識與經驗。

片桐小姐從中歸納出熟齡創業的 5 項基本原則（圖 6-5），名之為「寬鬆創業（ゆる起業）」：（1）感受到樂趣，（2）有成就感，（3）運用累積的經驗，（4）不過度追求利潤，（5）健康優先，重新定位「創業」對熟齡人士的意義。此外，片桐小姐也知道熟創族很常面臨想創業，但不知道怎麼準備，而且不懂得如何運用政府提供給一般中小企業的創業支援服務等資源（例如補助、商業創意大賽、融資等）。

圖6-5　銀座第二人生對於熟齡創業的觀察與支援

資料來源：銀座第二人生，MIC 整理，2020 年 2 月

當時片桐小姐本身也不很了解創業所需的相關知識，因此她先從充實自己開始，積極學習會計、金融相關知識，並取得財務規劃師證照，而後才正式創設「銀座第二人生」公司。創業初期，該公司主要業務為協助高齡創業者準備開業相關文件，其後才逐步展開創業諮詢、交流、辦公室租賃等相關業務，整合會員間、投資銀行、募資平台、媒體、政府部門、外部事業夥伴等資源，幫助熟齡人士將「創意轉換為創業」，

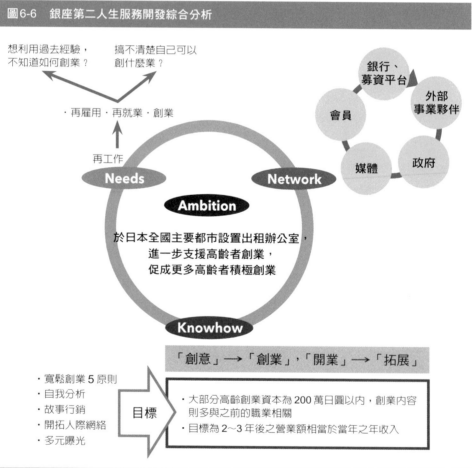

圖6-6　銀座第二人生服務開發綜合分析

想利用過去經驗，不知道如何創業？　搞不清楚自己可以創什麼業？

・再雇用・再就業・創業

再工作

Needs　**Network**

Ambition

於日本全國主要都市設置出租辦公室，進一步支援高齡者創業，促成更多高齡者積極創業

銀行、募資平台

會員　　外部事業夥伴

媒體　　政府

Knowhow

「創意」──→「創業」，「開業」──→「拓展」

・寬鬆創業 5 原則
・自我分析
・故事行銷
・開拓人際網絡
・多元曝光

目標

・大部分高齡創業資本為 200 萬日圓以內，創業內容則多與之前的職業相關
・目標為 2～3 年後之營業額相當於當年之年收入

資料來源：銀座第二人生，MIC 整理，2020 年 2 月

從「協助開業」到更進一步「拓展業務」，逐步提供全方位的創業支援服務。

全方位創業支援服務

歷經 10 年的時間，銀座第二人生已經發展出許多新興服務項目，以及不同的會員型態，為想要創業的熟齡人士提供多元選擇：

（1）創業沙龍

對於還不清楚自己可以做些什麼的熟創族，創業沙龍的顧問會與本人討論 3 個問題：「你喜歡做什麼？」、「你能做什麼？」及「你要變成什麼？」取回答的交集來作為創業主題，並針對創業、產品、行銷、法律、融資、通路建置等主題，提供一對一的諮詢服務。

（2）創業家交流會

銀座第二人生每月舉辦 1 次百人交流會，與會者包括：（潛在）創業家、會計師、製造業者等。活動採會員制分級方式，依據會員權益不同，能利用的服務內容也不同。例如可在會議上安排時間介紹創立事業內容、協助安排接受媒體採訪等，創業多年具成功經驗的熟創企業家也可註冊成為創業諮詢顧問，協助其他熟齡人士創業。與會會員不僅可以在活動中認識新朋友，拓展通路，找尋事業合作夥伴，也可透過參加活動受到鼓舞，強化創業的決心。

（3）租賃辦公空間

目前銀座第二人生提供 12 個服務據點及多項辦公室服務，包括：企業登記地址租借、代收發郵件包裹、電話祕書代接、出租辦公室、出租會議室，並提供影印機、碎紙機、事務機、無線網路、零食飲料販賣機、置物櫃等，協助熟創族將期初成本壓到最低，並提供交通方便、舒

適且價格便宜的辦公環境。

（4）創業行政支援

對熟創族而言陌生又繁瑣的創業行政申請程序，譬如：公司登記、行業許可證、執照申請或是創業資金貸款申請、公司內部財會記帳等行政支援庶務，都可以透過銀座第二人生代為協助處理。

（5）研討會、演講、研習會活動

為會員舉辦以創業為題的研討會、演講、講習課程等，內容包括如何擬定創業計畫、如何行銷、如何籌資、如何申請政府經費等，平均每周舉辦 1～2 次。此外，依據會員等級不同，還可以在活動手冊上刊載公司簡介、發表創業心得等。。

（6）媒體合作

由於熟齡創業風潮興起，雜誌、報紙、電視、廣播等媒體也開始關注此一議題；有人因熟齡創業失敗而負債累累，也有人創出美麗的事業第二春。創辦人片桐小姐接受媒體邀請暢談輔導熟齡創業的經驗，同時也利用良好的媒體人脈，安排本身所輔導的熟齡創業家一同受訪，以故事行銷方式介紹創業理念與產品（或服務）。

（7）訪談及書籍出版

為使更多人能理解熟齡創業的獨特性，片桐小姐除了接受電視、廣播節目邀請，上節目分享協助熟齡創業的經驗與觀察，從 2013 年起並陸續出版了下列著作：《熟齡創業成功者與失敗者（「シニア起業」で成功する・しない人）》、《片桐實央的實踐！輕創業（片桐実央の実践！ゆる起業）》、《讓 50 歲起的人生更快樂的工作目錄（50 歲からの人生がもっと楽しくなる仕事カタログ）》、《兼顧喜好的輕鬆創業（好きなことだけして楽をしながら企業しよう）》，書中介紹熟齡創業的原則、經驗、特徵與創業家的故事，讓更多人願意勇敢追夢。

（8）電子刊物

為聯繫、通知會員活動訊息，分享不同會員的創業資訊，如：最新創業資訊、創業者交流會、研討會資訊、補助費、商業創意大賽資訊及創業者訪談、合作夥伴徵求等資訊，每 3 ～ 4 天發行 1 次電子報，註冊人數已高達 14,000 人（2018 年 7 月）。

（9）舉辦創業競賽活動、募資活動

為使更多熟創族的創業構想可以被看見且支持，結合地方政府、地方法人單位、銀行等機構的資源，舉辦熟齡創業競賽。2018 年又更進一步，7 月 19 日，銀座第二人生首次透過募資平台進行會員創業計畫募資，也獲得了熱烈回響。

借鏡與啟發

掌握「熟創」、「青創」的差異

銀座第二人生公司的成功在於創辦人明確理解「熟創」與「青創」的差異。熟齡創業家所追求的創業成功，與青年創業家有很大的不同。在人生倒數階段的創業，動機在於希望能夠終生活躍，享受有成就感的工作樂趣，並且再利用上班族時代累積的知識與經驗，做些有益社會的工作。因此追求低風險，略有收入即可。

不賺錢的賺錢思維

以 3 個問題協助熟齡人士找出自己的創業標的，接著運用公司、會員、政府、銀行、募資平台、外部事業合作夥伴的資源，一步一腳印地協助熟齡創業家築夢。從一個創業點子出發，到解決產品、人才、合作夥伴、行銷、推廣、通路等問題，提供多元曝光管道，並且強調不過度追求利潤，享受「寬鬆創業（ゆる起業）」的樂趣與成就感。與其說銀

座第二人生在協助熟齡人士創業，不如說銀座第二人生是在協助熟齡人士獲得更多的成就感。

只想 part time 賺小錢——唐吉軻德、Sugi 藥局的解決策略

2019 年 7 月 25 日，我國《中高齡及高齡者就業促進法》草案通過，年屆 65 歲就退休的時代宣告結束，身體健康的熟齡人士再就業未來將成為常態。老一輩的高齡者認為老了，就該退休享清福，享受含飴弄孫的樂趣，這種悠閒度日的想法亦將改變。

再就業，無論是為了「維持生計」，還是讓「生活規律」、「個人興趣」或「實現自我人生價值」，退休後能在健康與體力可以負荷的狀態下從事兼職工作，賺取一些零用錢，打發時間，降低對自我經濟狀態的不安全感，成了「高齡先進國」日本的許多老年人的選擇，企業也因為面臨勞動力不足等問題，將重新設計工作內容、職場環境，迎接銀髮族打工族加入。

超短工時工作型態的誕生

有鑑於人口少子高齡化所造成的勞動力短缺問題日益惡化，活化婦女及高齡者勞動力投入職場的政策在日本推動多時。在日本，除了餐飲業、計程車業之外，零售業也因銀髮打工族的增加，大幅紓緩了人手不足的問題。

然而，家庭主婦及高齡者因為自身的家庭、健康狀態的不同，能實際參與工作的時間長度也備受限制，若是沿用過往日薪計時的方式來排

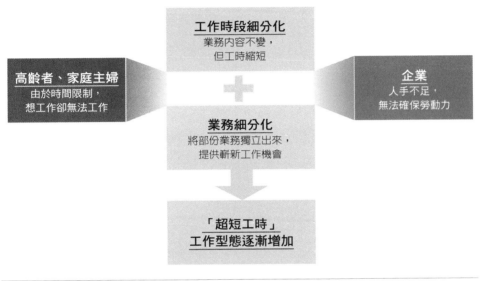

圖6-7　超短工時工作型態誕生

為確保勞動力，除了將工作時段細分化外，
並推動業務細分化，
出現「超短工時」工作型態誕生徵兆

工作時段細分化
業務內容不變，
但工時縮短

高齡者、家庭主婦
由於時間限制，
想工作卻無法工作

企業
人手不足，
無法確保勞動力

業務細分化
將部份業務獨立出來，
提供嶄新工作機會

「超短工時」
工作型態逐漸增加

資料來源：Job Resaerch Center，MIC 整理，2020 年 2 月

班工作，很多人其實還是無法投入職場。此時，工時與排班的彈性，變成了許多人關注的焦點。企業為營運基本所需的勞動力投入，拆解工作內容與排班配置方式，將工作時段與業務內容細分化，便可大幅提升排班的彈性，吸引家庭主婦與高齡者的投入，因此出現「超短工時」的工作型態（圖 6-7）。

案例 1：唐吉軻德

打造高齡專屬的晨間工作模式

　　唐吉軻德是銷售家電用品、日用雜貨、食品、手錶及時尚用品、運

動休閒用品等之中小型量販店，標榜店內貨品售價較其他店舖低廉，營業時間長（深夜或 24 小時全年無休），吸引許多外國觀光客駐足採購。為因應龐大的消費者需求，維持貨架商品種類齊全十分重要。

2014 年，唐吉軻德開始招募名為「清晨貨品上架員（Rising Crew）」的員工，工作內容為商品上架及過程中產生之垃圾分類，招募對象為 60 歲以上人士，而且將工作時段設計為：（1）每天在清晨時段工作兩小時，（2）每週至少工作 2 天。清晨貨品上架員可協助商店開店前的準備工作，在沒有服務顧客的壓力下，專心完成貨品上架與清掃。首批招募人數為 2,000 人，在 125 家門市開始實施；正式上班前，還會為清晨貨品上架員進行 2 個月的職前訓練。

調整工作型態，共創勞資雙贏

為招募、活用熟齡勞動力，唐吉軻德在招募清晨貨品上架員之前，針對員工在店內的各項工作流程及開店前準備工作，進行了詳細盤點，並討論清晨貨品上架員加入將會為工作內容與流程帶來哪些改變，進而重新調整各類型員工工作內容與排班型態。清晨貨品上架員加入後，原本開店後才能開始的商品上架工作提前到凌晨開始，以往要到中午以後才能完成的商品上架，也提前到開店前即準備就緒。如此一來，一般員工能投入其他店內工作，因應銷售計劃調配工作內容，發揮更大的價值（圖 6-8）。

在唐吉軻德工作的這群熟齡員工，普遍認為工作不會很累，屬於輕度活動量的工作，可以鍛鍊身體肌肉，使自己更靈活、更健康，也可以運用高齡者早起的習性，既然睡不著就去工作，既能打發時間，也由於工時不會太長，白天還可以去做其他想做的事，時間運用更為彈性。

此外，在工作過程中，熟齡員工可以享受每天有一段時間全心投入

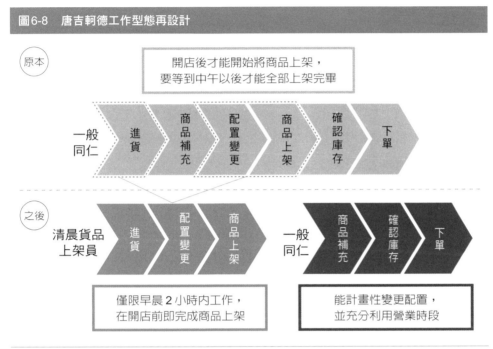

圖6-8　唐吉軻德工作型態再設計

原本

開店後才能開始將商品上架，
要等到中午以後才能全部上架完畢

一般同仁
進貨 ▸ 商品補充 ▸ 配置變更 ▸ 商品上架 ▸ 確認庫存 ▸ 下單

之後

清晨貨品上架員
進貨 ▸ 配置變更 ▸ 商品上架

一般同仁
商品補充 ▸ 確認庫存 ▸ 下單

僅限早晨2小時內工作，
在開店前即完成商品上架

能計畫性變更配置，
並充分利用營業時段

資料來源：株式會社唐吉軻德，MIC 整理，2020 年 2 月

工作的感覺，與年輕同事一起工作，也會讓自己覺得充滿活力。有時在清晨工作結束後，行有餘力的熟齡員工會繼續留在店裡支援，因而遇到與自己年齡相仿的客人。熟齡員工讓這些顧客覺得安心。相對地，熟齡員工也感覺自己被需要，相當有成就感。最棒的是，這份工作就算沒有相關工作經驗也可以應徵，不會受到過去職場經驗侷限。

　　這樣的工作型態不僅讓熟齡員工（勞方）感到滿意，唐吉軻德（資方）也發現這群清晨貨品上架員不僅責任感強，很少遲到，還會主動幫忙其他員工，加強店內團隊精神。除了如同上述，讓其他員工有餘力從事其他服務工作，並且吸引同屬高齡的消費族群來店消費，2014 年引進 1 個月後，上午時段業績提升 5 ～ 10%。

案例 2：Sugi 藥局

彈性自由的銀髮零工經濟

成立於 1976 年的 Sugi 控股株式會社，是主要在日本中部地區（愛知縣、岐阜縣、三重縣、滋賀縣、京都、奈良、大阪、兵庫縣等）經營連鎖藥局通路的企業集團。2015 年 5 月，Sugi 控股株式會社提出了「活力十足俱樂部計畫（いきいき俱楽部プロジェクト）」，目的在為高齡人士提供工作機會，使高齡人士能獨立健康生活，以延長「健康平均餘命」。上述工作機會是由 SUGI 控股株式會社經營的 Sugi 藥房以外包形式僱用 65 歲以上高齡人士，負責日用品、食品等貨品上架業務，2018年 2 月時聘僱的銀髮夥伴平均年齡是 70 歲，最高齡者為 81 歲。

2017 年 11 月，作為上述「活力十足俱樂部計畫（いきいき俱楽部プロジェクト）」的一環，正式開始導入「銀髮夥伴（Silver Associate）」工作型態（圖 6-9），為熟齡人士創造能和社會接觸的時間、空間，促

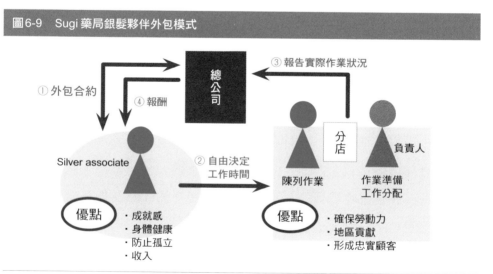

圖6-9　Sugi 藥局銀髮夥伴外包模式

資料來源：SUGI 控股株式會社，MIC 整理，2020 年 2 月

進大腦與身體健康，有助於延長健康餘命。

　　這些銀髮夥伴們可以自由決定工作的天數、時段及時數，收入報酬也隨上班的作業量而異。總公司和各銀髮夥伴簽訂外包合約，再派赴到各分店工作（主要負責開店前時段的商品陳列）。各接納分店則向總公司回報銀髮夥伴的實際上班時數，據以計算報酬。

　　對 Sugi 藥房而言，銀髮夥伴也能從高齡者角度出發，提供有助於吸引類似年齡層顧客來店的建議，並且與高齡顧客之間有更多的交流。

　　上述工作型態之所以吸引熟齡人士願意投入，原因在於：（1）能按照自己的步調工作，（2）可以彈性安排時間，兼顧身體、家庭狀況，（3）能輕鬆投入工作，有被社會需要的感覺，（4）於工作過程中活動身體，維持健康，及（5）能與同事相互交流，交到新朋友。就算是當天身體略有不適，銀髮夥伴們也可依照自己的步調來整理貨架，或是提早回家休息。工作安排上，銀髮夥伴之工作時段會同時安排其他打工人員一同工作，以避免銀髮夥伴身體不適等緊急狀態下開天窗。

　　開始導入至 2018 年 4 月為止的半年期間，一共聘僱了 430 名熟齡人士，分布在以愛知縣為主的 103 家分店及 1 家物流中心當中，2019年起預定擴大推動落實於關東、關西地區據點。

借鏡與啟發

我工作、我存在

　　其實新世代高齡者對於退休後再就業的想法，與年輕時的態度有很大的不同，往往會認為「如果可以，我想繼續工作下去」。自己有能力工作意味著身體健康狀態良好，經濟上的壓力也比較小，時間也比較容易打發。

　　唐吉軻德與 Sugi 控股株式會社充分理解熟齡退休人士對於工作的渴望，希望能有機會再對社會有所貢獻，感受社會對自己仍有需求。但在工作之餘，也希望保有更多時間上的彈性，以便享受退休後的悠閒生活。因此唐吉軻德與 Sugi 控股株式會社設計了多元、彈性的工作方式，讓熟齡人士得以參與現場工作，進而解決勞動力不足的問題。

工作的再設計，是吸納高齡勞動力的開端

　　想要在工作環境中吸納更多的熟齡人士，解決企業勞動力短缺問題，工作內容、工時的全面檢視是必要的，也唯有透過如此檢視的過程，才能找出工作中適宜劃分給兼職熟齡人士的項目，並藉由工作流程重新梳理，設計出全新的工作內容與模式。

延續專長，重現價值——A．Fun、Beyond the reef 的解決策略

　　新世代高齡者遠比戰前世代幸運，隨著戰後經濟的重建與復甦，社會風氣大開，教育與醫療資源普及，歷經職場數十年的歷練，就算屆齡退休，各個都還身體健康、寶刀未老。以下將介紹兩家協助高齡者運用本身興趣及專長的企業，儘管事業規模不大，營業項目也不複雜，可以做自己喜歡、擅長的事，又能獲得認同得到相應收入，真可說是兩全其美。

案例 1：A．FUN

從維修服務到療癒客戶的心

　　創業者——乘松伸幸 2010 年自 Sony 公司退休後，想做有趣又有助

於社會的工作，於是便在 2011 年 7 月，和一群同樣是 Sony 公司退休的人員創立了「A‧Fun」公司。創立時的資本額只有 100 萬日圓（約新台幣 28 萬），業務內容包括：電器、家電修理（含老機型）、PC 等資訊設備之初始設定、接受修理服務委託、錄影帶修復、拷貝等服務。乘松先生希望這家公司成為技術人員與消費者間的橋樑，一方面讓退休技術人員能繼續發揮所長，另一方面也讓消費者能在技術人員協助下長久使用心愛的家電。

企業名稱中的「Fun」字，是創辦人對公司的期許，希望退休技術人員能再次「樂在工作」，也期許技術人員將商品修好能為顧客帶來「喜悅」，他們堅信「只要是人所製作的產品，就一定能修理」。

2013 年，A‧Fun 公司首次受高齡人士委託修理「AIBO（愛寶）」機器狗，開啟了營運的嶄新篇章。有一位高齡女性希望帶已經相伴 10 年以上的 AIBO 一起入住照護設施，但當時 AIBO 故障，生產企業——Sony 的「AIBO 診所」卻表示無法修理，因而輾轉找到 A‧Fun，抱著最後一線希望，期待自己心愛的 AIBO 能恢復原狀，繼續常伴左右。

這個修理委託讓 A‧Fun 公司發現：AIBO 雖然不是實用型家電產品，卻深受主人的喜愛。可愛的造型、俏皮的動作，簡單的回應，讓 AIBO 有如真的寵物狗一樣，與主人建立起深厚的情感。譬如在啟用 AIBO 初期，主人必須與其互動，使 AIBO 從中學習行為，就跟飼養真的幼犬一般。中間點點滴滴的回憶都讓使用者難以忘懷，對自家 AIBO 故障時的不捨與憐愛，非其他家電用品所能比擬。

1999 年 Sony 推出 AIBO 時備受全球矚目，共賣出了 15 萬隻。但隨著相關業務經營不善，AIBO 於 2006 年停產，並於 8 年後終止維修服務，使得 AIBO 的主人只能尋求非官方的維修管道，想辦法延長 AIBO 的使用年限。

　　第一次接到 AIBO 機器狗維修委託時，A・Fun 公司這群退休技術人員也沒有相關修理經驗，他們透過關係找到當年 Sony 的 AIBO 設計人員，努力學習相關維修知識，秉持著「付出努力、誠意（熱情）及技術，以不負顧客期待」的信念提供相關服務。若遇到已停產零件，則會應用本身長年累積的專業知識，嘗試找出市售類似商品或自行開發零件來修復。

擬人化的維修、銷毀與認養服務

　　修理 AIBO 時，A・Fun 公司的維修服務無定價表，接受網頁線上（或電洽）諮詢委託後，技術人員透過訪談徹底掌握委託方需求，決定修理優先順位、範圍及希望修復狀況後議價。

　　在這群退休技術人員努力下，目前 AIBO 機器狗維修已成為 A・Fun 公司的主力業務，同時提供 AIBO「器官捐贈」及「認養」服務。技術人員檢視送修機器狗損壞處，如果發現損壞嚴重無法維修，會立即聯繫送修人，討論是否進行器官捐贈（摘取零件）與舉辦告別式（報廢銷毀）。假使損壞程度較輕，同時也能找到更換用零件，則會根據前段流程掌握送修人需求後，進行器官移植（替換壞損零件）。其次，雖然 AIBO 已修復，但原先的主人不再需要 AIBO，A・Fun 公司也會在網路上公布該隻機器狗資訊，開放給想要擁有機器狗的人認養，並提供一年一次的免費健檢服務（圖 6-10）。

激起研發人的研發魂

　　從 2013 年維修第一隻 AIBO 開始，到 2018 年，A・Fun 公司已經維修超過 2,000 隻機器狗，還有 300 隻待修。從歷年修復機器狗的經驗中，A・Fun 公司技術人員還發現機器狗對醫療、照護機構入住的高齡

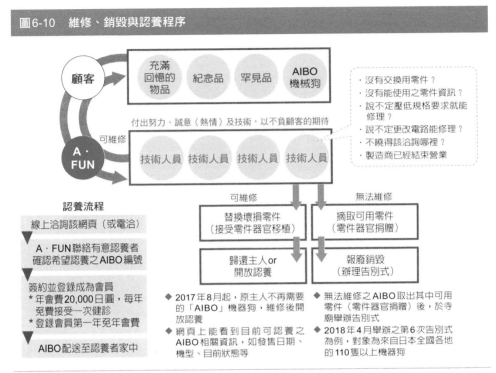

圖6-10 維修、銷毀與認養程序

顧客

充滿回憶的物品　紀念品　罕見品　AIBO機械狗

· 沒有交換用零件？
· 沒有能使用之零件資訊？
· 說不定壓低規格要求就能修理？
· 說不定更改電路能修理？
· 不曉得該洽詢哪裡？
· 製造商已經結束營業

付出努力、誠意（熱情）及技術，以不負顧客的期待

可維修

A·FUN

技術人員　技術人員　技術人員　技術人員

可維修　　　　　無法維修

替換壞損零件（接受零件器官移植）　　摘取可用零件（零件器官捐贈）

歸還主人or開放認養　　　　報廢銷毀（辦理告別式）

認養流程

線上洽詢該網頁（或電洽）

▼

A·FUN聯絡有意認養者確認希望認養之AIBO編號

▼

簽約並登錄成為會員
＊年會費20,000日圓，每年免費接受一次健診
＊登錄會員第一年免年會費

▼

AIBO配送至認養者家中

◆ 2017年8月起，原主人不再需要的「AIBO」機器狗，維修後開放認養
◆ 網頁上能看到目前可認養之AIBO相關資訊，如發售日期、機型、目前狀態等

◆ 無法維修之AIBO取出其中可用零件（零件器官捐贈）後，於寺廟舉辦告別式
◆ 2018年4月舉辦之第6次告別式為例，對象為來自日本全國各地的110隻以上機器狗

資料來源：A·FUN，MIC整理，2020年2月

者或獨居高齡者具有療癒效果，因而開始研發機器人療法。

　　A·Fun公司與筑波學院大學、帝京科學大學、拓殖大學、帝京短期大學等學校進行技術合作，並於2014年獲得千葉縣製造業及商業、服務創新補助，投入療癒型智慧機器人技術研發。其後，2016年又入選日本醫療研究開發機構（AMED）之促進看護機器人開發引進事業對象。近來並有40多歲的技術專才認同A·Fun公司的理念，加入技術人員的行列。

案例 2：Beyond the reef

奶奶用手工編織品與社會連結

從日本橫濱的日吉站步行 2 分鐘，就能抵達座落在住宅區一角的 Beyond the reef。這裡是一間銷售訂製編織包的小店，店內全部商品都是由包含老奶奶們在內的職人親手編織、縫製。品牌本身是由女性創業家楠佳英創設，2016 年 12 月榮獲川崎創業家大賞，2017 年 2 月榮獲橫濱商務大賽女性創業家大賞，同年 11 月並名列第 6 屆日本政策銀行女性新商業模式大賽的最終入圍企業。

2015 年，創辦人楠佳英看著喪偶的婆婆成天編織打發時間，擔心這種毫無變化的孤獨生活會讓婆婆失去生活的動力，因此靈機一動，一方面讓婆婆能發揮本身的編織所長，重拾生活樂趣，另一方面還能將編織手藝傳承給下一代。為此她集結了家人的力量，自己負責設計、品管，婆婆負責編織，嫂嫂製作公司官網，創設了 Beyond the reef 品牌，品牌意涵則是希望能「不自我設限，追求永續成長」。目前公司規模已由原本的 3 人發展到 40 多人，除了以訂製方式銷售編織包外，還販售編織線材、編織相關用品、室內裝飾品、隨身飾品等。

有溫度的手工編織，散發老魅力

Beyond the reef 強調提供完全訂製的手工編織品，奶奶們的手眼也不如年輕人協調，製作的速度比不上年輕人，因此每個月只在官網上公告的特定日期接單，接單後約一個半月交貨。

初期由於人手不夠，並與 NPO 法人 ——5 塊麵包所經營的「Community Café 生命之樹」合作，請參加咖啡館編織社團的奶奶們一起編織商品，並交流編織進度與技巧。如遇有品質不佳或織錯針法

時，也會拆掉重做，以確保產品品質。

　　由於每件商品都是訂製後手工編織，不但價格並不便宜，消費者還需要等上一段時間才能收到商品。然而 Beyond the reef 將「不便宜、不能馬上拿到手、不是隨時能買到」等弱點，轉化為「罕見、能享受等待的樂趣、期待收到成品時的雀躍心情」等附加價值。在編織包製作期間，會由負責編織該項商品的主要編織手親自寫信告知消費者商品製作進度與製作心境，出貨時也會附上編織手親手書寫的卡片。

　　Beyond the reef 以上述方式推出手工編織包後，在日本引發了一陣手工編織包熱潮，《每日新聞》、《讀賣新聞》等報紙及《CanCam》、《JJ》、《STORY》等雜誌爭相報導。2018 年 7 月，因應消費者「希望購買前能先看看實際商品」，及「希望見到製作者」等需求，在橫濱開設前述所提到的日吉實體店舖。

借鏡與啟發

解決別人的問題，培養給他人幸福的能力

　　許多熟齡人士認為，自己就只是公司裡的一個小螺絲釘，沒有什麼了不起的專長，就算是想利用本身專長創業，也不知道可以做什麼。但是從 A．Fun 公司的案例中可以發現，一群退休的技術人員為了因應顧客的維修需求，積極學習維修方法，並從中理解機器狗對顧客的重要性，將 AIBO 修復得完好如初，其後可能是重回顧客身邊，也有可能以其他擬人化方式處理。

　　在服務顧客的過程中，A．Fun 公司更進一步體認到 AIBO 此類療癒機器人對高齡獨居者深具效果，因而積極投入 AI 機器人療法技術的開發，踏入另一個全新階段。這群技術人員雖然已從有科技頑童美譽的

Sony 公司退休，但卻透過 A · Fun 公司這座橋樑，再次悠游於技術領域，發光發熱，帶給他人幸福。

為銀髮族創造「被需要」的感覺

其次，從 Beyond the reef 的案例中可以發現，就算是編織等簡單的興趣，也能作為微型創業主題，為熟齡人士創造嶄新生活定義。當自己製作的商品或提供的服務獲得消費者認同，並能取得正當對價時，就等於再次與社會有所鏈結，不再自我封閉或感覺孤單。熟齡人士除了是在工作賺錢，同時也能再次體驗到自己受其他人需要的感覺。

擔心積蓄被詐騙——True Link Financial 的解決策略

詐騙手法千變萬化，儘管新聞中屢屢報導，許多長輩們在資訊不對稱、辨識力不佳、認知能力低下的狀況下，還是成為詐騙被害者，損失鉅額財產，甚至有人因為畢生積蓄遭詐騙而尋短。

以下將介紹的美國新創企業 True Link Financial 公司，透過改變金流路徑防止熟齡人士遭詐騙，進一步並協助投資理財。有別於日本夏普公司為固定式電話提供的詐騙預防，也與日本 TONE Mobile 提供手機防詐黑名單的方式不同，True Link Financial 提供的服務可以更加全面性預防詐騙，幫熟齡人士更有尊嚴地守住財富。

高齡者是歹徒眼中的大肥羊

高齡者若沒有與子女同住，平常鮮少與人社交，電視新聞資訊也不太關注，再加上又是獨居的話，遇到詐騙事件時，往往會欠缺判斷力，

無法在接到詐騙電話的當下，就冷靜思考、明辨說詞的真偽，因而上當受騙。以美國為例，特別是在聖誕節前後，經常會有許多假慈善機構以募款為名義，透過郵件、電話等到處騙取現金、支票、信用卡號，成了犯罪高峰期。

根據美國《The True Link Report on Elder Financial Abuse 2015》報告顯示，美國老年人每年遭詐騙而蒙受的財物損失高達 364.8 億美元（約新台幣 1.09 兆元），且規模還在持續擴大中。其中有 42% 的受害老人出現焦慮、失望的情緒，感覺生活頓失依靠。

美國聯邦調查局（Federal Bureau of Investigation, FBI）的研究也發現，高齡者之所以容易成為詐騙對象，可能原因如下：（1）積蓄多：嬰兒潮世代是當今最富裕的階層，大多數的人都擁有自己的房產，並且銀行信譽良好；（2）秉性純良：具有良好的教養，容易相信他人，不會隨便掛電話；（3）無知：因為不知道該去哪裡報警，而選擇得過且過；（4）好面子：被害人經常礙於顏面問題，不好意思去報警，或跟家人表達受害，詐騙案件因此沒有被揭發或蒐證困難。

True Link Financial 公司的執行長 Kai Stinchcombe 和家人在偶然間發現，祖母每個月會寫多達 75 張支票捐獻給一家假的慈善機構。雖然請求銀行協助查證，並試圖追回款項，卻沒有獲得良好的回應。家人為監督祖母的財務狀況，避免她再受騙，投注大量時間與心力，跟祖母頻頻發生衝突，導致祖母越來越不滿，覺得無法信賴家人。最後在無計可施的狀況下，家人只能拿走祖母的支票簿，讓祖母喪失了經濟獨立的機會與尊嚴。祖母本身則覺得自己像是喪失了行為能力，失去自由，因而自我封閉（下頁圖 6-11）。

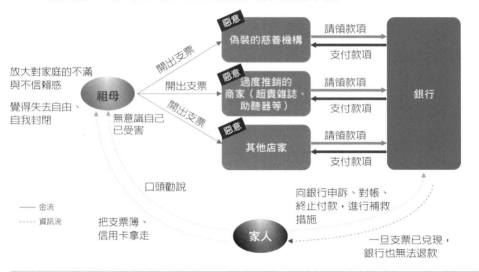

圖6-11　原始的金流路徑

美國慈善事業欣欣向榮，接近聖誕節時，透過郵件、電話等形式的偽裝的慈善機構，到處向人騙取現金、支票、信用卡號，假裝尋求捐款，成了犯罪的高峰期……

資料來源：True Link Financial，MIC 整理，2020 年 2 月

建構黑名單資料庫，改變金流路徑

　　身為美國連續創業家 Kai Stinchcombe 在與家人攜手防止祖母再被詐騙的過程中，反覆思考「科技能如何協助防堵詐騙事件一再發生」，因此促成了 True Link Financial 公司誕生。True Link Financial 公司以高齡者、退休人員為服務對象，主要服務為發行客製化 Visa 預付卡，防堵老年人金融濫用問題，並提供特別投資諮詢、借貸及保險服務，確保退休人士的財物安全，致力於「維護高齡者尊嚴，緩解家人間因金融濫用引發衝突與情感壓力」。

　　這款 Visa 預付卡可依據受保護對象的需求，進行客製化線上設定，控管商品類型、消費管道等消費項目，提供即時消費通知、消費對帳單

等。使用時可經由電話或網路線上儲值，也可設定直接存入養老金支票、社會保障福利基金等。只要在儲值額度之內，熟齡人士可以在貼有 Visa 標誌的店家刷卡，或至 ATM 提領現金。如此一來，不僅可以讓熟齡人士保有支配金錢的成就感，還可以防堵詐騙事件發生。

此外，True Link Financial 公司建立詐騙機構黑名單資料庫，持續更新可疑商家與詐騙機構清單。只要是使用 True Link Visa 預付卡付款的消費，店家或慈善機構向銀行請款時，銀行會先向 True Link Financial 公司確認請款單位真偽。一旦發現是詐騙事件，就會終止付款，確保持卡人不會蒙受財物損失。在 ATM 提款機提領現金時，也會有一次提領金額上限，降低財物損失規模。因此，有了 True Link Financial 公司幫忙把關，利用上述服務的熟齡人士可以照常購買自己的日常生活用品，上館子吃飯，所有消費行為都不會遭到限制（圖6-12）。

圖6-12　True Link 介入後的金流路徑

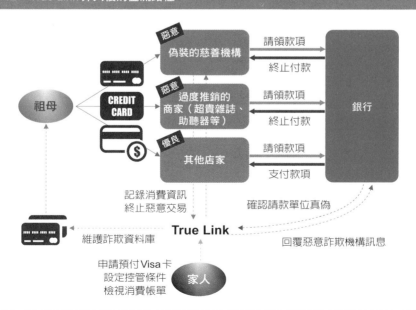

資料來源：True Link Financial，MIC 整理，2020 年 2 月

透過金融科技，提供理財與資產管理服務

除了協助預防熟齡人士因為遇到詐騙事件而蒙受損失之餘，True Link Financial 公司也積極提供投資理財與資產管理服務，為長輩們守住財富。長輩們可自己藉由線上平台，或採用電話、電子郵件聯繫形式，蒐集客製化所需的各種數據資料，統合考量資產、支出需求、投資偏好，

圖6-13　True Link Financial 產品及服務項目

客製化Visa預付卡

產品訴求
- 讓長輩保有支配金錢的成就感
- 防詐騙干預模式，每月收 10 美元
- 可經由電話、網路線上儲值，或設定直接存入養老金支票、社會保障基金
- 在儲值的額度內，可在貼有 Visa 標示的店家刷卡，或至 ATM 提領現金
- 建置、更新可疑商家與詐騙者資料庫，若有產生消費將會被阻絕

服務革新
- 設定消費／領款上限
- 封鎖特定店家、特定類別消費
- 允許購買項目與金額
- 發送消費提醒簡訊或郵件

退休人士投資諮詢服務

產品訴求
- 蒐集客製化所需各種數據資料，統合考量資產、支出需求、投資偏好，結合健康、壽命評估與人口統計等因素，進行個人化的投資理財規劃
- 根據投資理論演算法、機器人顧問（Robo-Advisers）的協助，進行投資理財規劃
- 沒有隱性費用、不抽傭金

服務革新
- 不一定要面對面才能提供諮詢服務，線上系統、電話、郵件的形式亦可

信託投資與管理

產品訴求
- 不直接成為客戶帳戶的直接託管人，而是選擇美國最大的信託管理公司 Charles Schwab & Co., Inc. 代為託管
- 依據客戶的需求，協助客戶進行適當的資產管理、子帳戶管理、支付跟蹤、紀錄維護、支出計劃、現金管理等

服務革新
- 開發安全、可信賴的會計軟體，整合受託人、受益人等的帳戶資訊
- 在客製化的條件下，提供全方位的信託服務

資料來源：True Link Financial，MIC 整理，2020 年 2 月

並結合健康、壽命評估與人口統計等因素，在投資理論演算法、機器人顧問（Robo-Advisers）協助下，取得投資理財、保險規劃等建議。True Link Financial公司也能依據長輩們的想法及需求，適當管理資產、子帳戶並進行支付追蹤、記錄維護，擬定支出計畫，適切管理現金等（圖6-13）。

True Link Financial公司積極研究各種詐騙模式（惡意推銷、詐騙、信任濫用等），找尋阻斷金流的切入點，持續更新可疑商家與詐騙者資

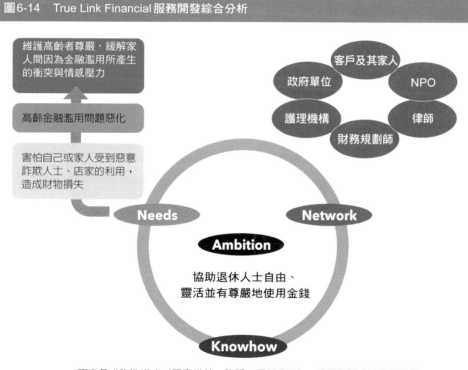

圖6-14　True Link Financial 服務開發綜合分析

・研究各式詐欺模式（惡意推銷、詐騙、信任濫用），找尋阻斷金流的切入點
・持續更新可疑店家與詐騙者資料庫，保障客戶權益
・優化使用者介面、精準地推薦分析工具，數據資料與機器人分析技術
・捨棄大量免費試用客戶，選擇小量收費死忠客戶的初期營運模式

資料來源：True Link Financial，MIC 整理，2020 年 2 月

料庫，阻斷金流路徑，保障客戶權益。該公司並積極優化使用者介面，活用數據資料與機器人分析技術，提升推薦分析工具的精準度。

借鏡與啟發

給長輩尊嚴，是接受服務的開始

　　再周全的防詐騙服務，不為長輩們接受也是枉然。家人出自善意的關懷、提醒，乃至於限制，或直接幫長輩把生活所需的各式物品購齊，都不見得能讓長輩們感到愉快。如同註銷駕駛執照會遭到熟齡人士抗拒一般，不能自由消費購物，更會讓熟齡人士覺得自己喪失行為能力，產生強烈的無力與不安感。True Link Visa 預付卡提供的服務可以在不限制長輩們行為的同時，給他們有尊嚴的保護，自然接受度就會提升。

07
怕無聊

　　退休後生活步調改變，經常讓許多熟齡人士覺得難以適應，要是沒能找到新的生活重心，便不知道怎麼安排週休七日的退休生活，甚至放不下職場上的頭銜、鬱鬱寡歡，經常想著：「該去哪裡？做些什麼事情打發時間呢？」。因此，許多人認為優質老年生活中，下列「五老」不可或缺，分別是：老伴、老友、老本、老趣、老健，也有人認為還要加上老酒、老狗、老屋。因此除了前述章節提到的工作、健康與財富之外，本章將從打發空閒時間的角度出發，介紹不同產業的相關創新案例。

沒事做，不知道能去哪裡——永旺的解決策略

　　不同於消費性商品的店面，設立購物中心不僅需投入大量資本，還期望能快速養出一批死忠的消費客群，經常來店消費。但隨著時間流逝，鄰近商圈的居民結構改變，為了應對人口高齡化衝擊，日本零售通路巨擘永旺（Aeon）公司進行了一系列的改造活動，創造更多的來客數、更長的停留時間與更高的營業額，並在 2014 年榮獲國際通用設計協會（IAUD）頒發的公共空間部門大獎。伴隨上述改造，永旺推出的 G.G Mall 店型不僅滿足熟齡人士日常生活所需，也促進在地社區與商圈活化，因此在 2017 年榮獲「Enjoy Aging Award」的「優秀社區獎」。

當主力客群慢慢變老

2011 年時，日本 65 歲以上高齡人口之人口總數占比超過 23%，進入所謂「超高齡社會」。同一時期，日本電視、報章媒體也紛紛探討「超高齡社會後的產業發展課題」，各行各業如臨大敵，嚴陣以待。

60 歲以上消費者市場持續擴大，並在資產與市場中逐漸成為消費傾向主導者，小家庭化、高齡獨居等影響下，以往以大家庭、核心家庭為主的消費型態出現所謂「離子化（Ionization）」轉變，熟齡消費者本身則呈現「高度健康導向（Healthy-oriented）」特徵。面對大環境轉變，即使永旺購物中心營收連年成長，卻也預見到些許經營隱憂存在。

早年開設購物中心時，永旺多從「開發新商圈」角度出發，選定新市鎮、年輕小家庭密集的地區設點。然而隨著時光流逝，商圈周邊家戶結構開始改變，消費客群逐漸老化。2011 年，永旺提出「三年中程計畫」，並發表「Senior Shift」宣言（2014 年起之中程計畫繼續推動），矢志加強提供能滿足熟齡客群需求的產品與服務，向熟齡市場靠攏，並預計到 2025 年為止，要為高齡顧客開設 100 家購物中心。

在開始改建購物中心前，永旺進行週邊商圈分析，了解當地人口、家戶結構、消費、收支等資訊，並藉由 55 歲以上顧客的問卷調查結果分析顧客需求、偏好，篩選出主要關鍵詞，作為產品、服務規劃依據。以 2013 年四樓進行改裝的葛西店為例，1990 年店舖所在的江戶川區人口約有 56.5 萬人，周邊住宅區居民多是 20、30 歲的單身家戶及 30、40 歲的小家庭。經過了 20 年後，儘管人口總數增加為約 67.8 萬人，55 歲以上熟齡人士占比卻攀升為三成。

若縮小範圍再次檢視，可發現購物中心周邊 2 平方公里範圍內的家戶中，65～74 歲年長者約有 3.5 萬人，占居民總數的 44%。1 平方公

里範圍內約有 1.7 萬人居住,人口密度是江戶川區其他地區的 1.3 倍;年收入 700 萬日圓(約新台幣 196 萬元)以上者占了 44%,屬於所得水準較高的商圈,商圈居民關心的是「健康」、「社區」兩大關鍵詞。葛西店改造計畫便以此為依據,調整產品、服務,從上述流程中也可了解永旺重視掌握商圈資訊。

以「人」為本的購物中心

改造後的購物中心名為「G.G Mall」,秉持著「要為最好的 G.G 世代,打造有助於『維持、改善生活品質』,開創輝煌第二人生的區域型商店」理念,主打 55 歲以上熟齡客群。G.G Mall 的「G.G」一詞,出自劇作家小山薰堂的創意,為 Grand Generation 世代的縮寫,有「最上層、最高級」之意,意即整座購物中心一切以熟齡人士需求為出發點設計。

第一座 G.G Mall 概念店改造完成後,永旺仍持續蒐集熟齡用戶意見回饋,了解其需求,逐步設計出與其他購物中心截然不同的創新服務(各店不同,總計約有 150 種),並打造能讓熟齡人士舒適購物、運動、進修、娛樂的多元空間,成為以「人」為本的購物中心。不論任何時間到 G.G Mall,熟齡人士都可以找到事情做。主要創新產品、店鋪、課程與活動如下:

健康生活

「年紀大了都很淺眠,容易受外界干擾,睡眠時間變短,天沒亮就醒。太早起床沒事做,只好出門運動,鍛鍊身體」,永旺公司注意到熟齡人士常有的抱怨,將 G.G Mall 的營業時間提早到早晨 7 點鐘,並運用交誼廳等空間帶領老人家做健身操、有氧運動,或舉辦 Mall Walking

等商場繞行健走活動，以拉近熟齡人士距離。此外還運用社群經營手法，讓原來彼此陌生的人也變得熱絡起來，成為「晨間朋友」，相約到 G.G Mall 一起運動、吃早餐、聊天、逛街、下棋。賣場內同時還設有瑜伽教室、健身房、復健中心等運動場所，並開設低鹽餐廳，嚴選低鹽食物，提供小份量餐點，為熟齡人士的健康把關。

心靈與知性

賣場內還開設了書店、紅酒專賣店、寵物用品店、寵物美容院等，能紓壓及穩定情緒，同樣深獲熟齡人士喜愛。一般認為熟齡人士比較偏好清酒，對紅酒沒有興趣，G.G Mall 廣場舉辦品酒講座後卻發現，熟齡人士開始學習紅酒知識，懂得品嚐紅酒的香醇滋味。

才藝怡情

許多熟齡人士年輕時忙於家計，沒機會培養興趣或嗜好。G.G Mall 裡設有各類才藝教室，開辦烹飪、圍棋、手沖咖啡、手工藝、攝影、音樂教室等課程，為熟齡人士提供認識新朋友、多元學習的成長空間。

講座活動

G.G Mall 的交誼廳除了讓設點店家展售商品外，也經常舉辦包含健康生活講座、知識講座、旅行分享等不同主題的講座，吸引有興趣的 G.G Mall 消費者參加。

在環境空間、設備與服務方面，G.G Mall 也做了以下的貼心設計與安排，讓蒞臨的熟齡消費者能感到賓至如歸：

生活支援性

除了健康的身體與心靈的富足外，商場裡也可以找到提供生活支援的各類服務中心，提供家事代勞、公共費用代繳、居家修繕等服務。當熟齡人士覺得有些事自己處理會有點麻煩、有點危險、有點累時，可以

在此獲得協助。

未來安全性

熟齡人士的生活不是只有樂趣，煩心的事其實也不少，像是退休金的投資理財規劃、保險給付資料的準備、身後事安排、遺囑與遺產等，甚至涉及法律層面。因此 G.G Mall 裡也讓銀行、保險公司、喪葬服務業、法律事務所等業者進駐，提供相關服務。

可及性

有鑑於許多熟齡人士體力衰退、行動不便，要從家裡走個 15 分鐘到 G.G Mall 消費，再拎著大包小包的商品回家，實在辛苦。為了防止熟齡人士變成「購物弱者」、「購物難民」，G.G Mall 提供往返於購物中心與附近社區間的定點接駁車服務。並成立線上超市，發行商品目錄，讓有購物需求又不方便到 G.G Mall 的熟齡人士只要打電話或動動手指就能完成購物。

便利性

為了讓熟齡消費者容易找到適合自己的商品，G.G Mall 裡匯集了各類中高齡用品專賣店，銷售保健食品、漢方藥品、眼鏡、假髮、外出鞋、拐杖等行動福祉用品，吃的、用的、穿的一應俱全。

通用性

G.G Mall 理解熟齡人士認知功能逐漸衰退，貼心地設計了更加直覺化的標示，清楚易懂且字體加大。樓梯邊緣還加裝安全扶手，標示樓梯階數、步數、距離等，不僅熟齡人士易懂，就連小孩及一般年輕人都很容易理解，通用設計（Universal Design）概念無處不在。

舒適性

除了設計商場環境時大量運用通用設計原則外，G.G Mall 引進重量減輕 30% 的購物車，讓視力、體力不如以往的熟齡人士購物能更輕鬆。

其次並在商場走道上設置大量座椅，走累了隨時可以坐下來休息。G.G Mall 還降低展示櫃與桌椅高度，符合熟齡人士的身高與人體工學。

進駐店家將展示商品說明牌、包裝標籤都調整得更為醒目，加大字體、行距、調整顏色等；還加寬展示櫃走道間距，讓拿著助行器的熟齡人士也方便行動，各式貼心設計隨處可見。

永旺不僅重視熟齡客群需求，也與地方政府合作，共同解決當地居民健康問題。以 2017 年改造的大阪新茨木店為例，G.G Mall 與地方政府攜手發表「適鹽生活」健康宣言，訴求全館販售商品與餐點都是低鹽商品，並設計低鹽食譜供消費者索取（圖 7-1）。當地大專院校也運用G.G Mal 的展示空間，舉辦疾病預防健康講座，幫 G.G 會員進行生理機能量測，追蹤健康狀態。

圖7-1　協助解決當地居民的健康問題

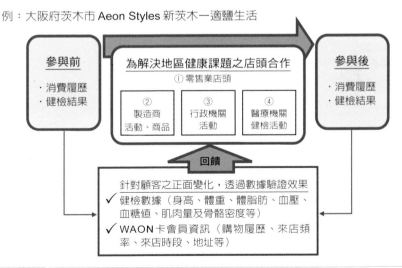

資料來源：永旺集團，MIC 整理，2020 年 2 月

又比如青森縣地處日本東北，冬季下雪期間長，民眾容易運動不足。永旺購物中心與弘前大學合作，推動 Mall Walking 活動，讓在地居民到購物中心內健走，累積健康活動點數，給予購物折扣。

除了上述硬軟體改革外，永旺更進一步透過「永旺卡」（會員卡）、及與銀行聯名卡的合作，發行 55 歲以上顧客專屬的「G.G Waon 卡」、「孫子卡」（選購嬰幼兒用品專用）（圖 7-2），以電子錢包、消費積點、運動集點等形式吸引顧客辦卡，藉以蒐集客戶資料進行數據資料分析，並持續舉行顧客問卷調查，以作為新商品、服務開發之參考。永旺還將每月 15 日定為「G.G 感謝日」，讓熟齡消費者不但能在 G.G Mall 滿足身體、心靈與健康的需求，還能打發時間，解決日常生活的各種煩惱。

圖7-2　G.G 專屬會員卡片申請與使用方式

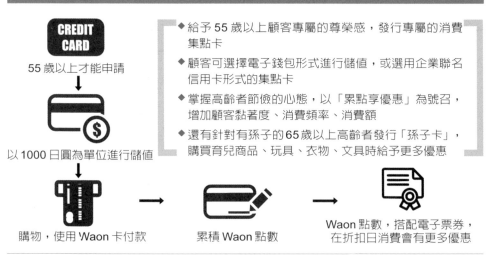

備註：孫子卡為擴大消費使用範疇，2018 年 1 月起全面改版為「Kid's Republic」
資料來源：永旺集團，MIC 整理，2020 年 2 月

圖7-3　G.G. Mall 產品與服務開發綜合分析

· 進行商圈分析（人口、家戶結構、消費、收支等）
· 進行問卷調查篩選出「健康」、「社區」兩大關鍵詞
· 從「永旺卡」（會員卡）的顧客資料進行數據資料分析
· 藉由顧客回饋，開發新商品與服務

在地居民　供應商（商品／服務）

G.G Mall

地方政府　大專院校

（產官學合作體制）

Needs　Network

Ambition

為最好的 GG 世代，打造有助「保持和改善生活品質」開創輝煌第二人生的區域型商店

身體的安心
空閒時間多　經濟的安心
將來的安心

Knowhow

以「人」為中心開發商品與服務　協助解決當地居民的健康問題　發行G.G集點卡深化客群經營力

· 運用各種管道所挖掘出的一系列為滿足的消費者需求，開發出新的產品與服務主題（如：Mall Walking）
· 社群化營運，不止建立「賣場—顧客」的關係，也建立「顧客—顧客」

資料來源：永旺集團，MIC 整理，2020 年 2 月

借鏡與啟發

洞察需求的質變與量變，重新自我定位

　　G.G Mall 購物中心為打造有助於「維持和改善生活品質，開創輝煌第二人生的區域型商店」，參考大量周邊居民、消費者的問卷調查結果及消費數據分析、現場觀察，開發出各式以「人」為本的商品與服務。此外並持續創新，推出一系列嶄新產品與服務主題（如：Mall Walking），以滿足消費者需求。

破框思考，讓賣場不只是賣場

此外，G.G Mall 運用社群營運方式，不止建立「賣場—顧客」關係，也建立「顧客—顧客」關係，讓賣場變成能建立人際網絡的交誼場所。同時，G.G Mall 結合大專院校資源，在賣場舉辦講座、健走活動，進行消費行為分析等研究，並協助地方政府解決當地居民健康問題，讓購物中心不再只是購物中心，而是能讓熟齡人士打發時間的好去處。

沒人可以說話──Ostance 的解決策略

步入退休生活後，生活節奏與生活方式的變化讓很多人無法適應。突然少了可以一起聊天的同事，人際互動大幅減少，讓人覺得生活枯燥無味。為了避免變成「孤單老人」，需要有「朋友」相伴，但都已經離開職場，可以享受自由自在的寶貴時間，如果還要刻意去討好他人，反而容易變得本末倒置。在這種既不想遷就別人，也不想委屈自己的心情下，能把時間花在合得來、相處愉快、有共同話題的朋友身上，是一件讓人嚮往的事。以下介紹的趣味人俱樂部，正是能滿足熟齡人士上述需求的社群平台。

輕鬆找到志趣相投的朋友

近年來 Facebook、Twitter、Pinterest、Instagram 等社群網站受到年輕人喜愛，成為新時代的數位名片。跟新朋友或久違不見的朋友見面，就是要互加好友，彼此追蹤關注一下，才能顯示彼此之間的好交情。殊不知熟齡人士也是如此。除了加入當地社區的活動外，經由 3C 裝置管道結識新朋友，拓展生活圈，也頗受中高齡者歡迎，Ostance 公司經

營的「趣味人俱樂部」便是其中一個頗為知名的例子。

Ostance 公司的主要業務包含經營婚禮企劃、熟齡社群、演藝人員經紀、表演藝術媒合等，在收購「趣味人俱樂部」以前，開辦教授中高齡者跳舞的專門學校，經營中高齡藝人、團體的演藝經紀，並為日本的「敬老節」活動拍攝廣告，安排中高齡舞者穿著和服、跳街舞引起熱議，也曾安排中高齡者到電視節目中擔任配角等，讓節目中的奶奶們一夕成名，是少數聚焦中高齡藝人的公司。

因為看見日本社會急速高齡化，Ostance 希望能讓人們以正面角度看待年齡漸長一事，透過提供相關服務，讓中高齡者能擁有新目標，傳遞與本身喜好有關的訊息，並找到一群志同道合的夥伴，身心更為健康。2019 年 5 月，Ostance 自 DeNA Co., Ltd. 公司收購「趣味人俱樂部」，擴大對中高齡族群的經營。

原先創辦「趣味人俱樂部」的公司是經營拍賣網站起家的 DeNA 公司，積極發展 AI、手機遊戲、自駕車、健康管理、社群線上直播、娛樂、電子商務、運動等新事業。2005 年，DeNA 公司於東京證券交易所的創業版市場上市，2007 年晉升到東京證券交易所市場第一部，同年 12 月開始經營「趣味人俱樂部」。

最初 DeNA 公司與 Club Tourism 旅行社合作推出趣味人俱樂部，這個網路平台，讓熟齡人士能透過社團、日記等，與有共同興趣的同好輕鬆交換資訊。介面容易上手，使用者並能在「匿名」的狀態下與他人分享自己的旅遊心得，藉由文字、圖片陳述找到同好，簡單、愉快又安心。看到其他人分享的旅遊資訊，也可能萌生到當地旅遊的念頭。目前趣味人俱樂部每個月舉辦 2 ～ 3 個活動，會員們可參加與自身興趣有關的活動，上傳日記或照片，或向朋友的日記發布消息等。

會員們感興趣的主題從旅行到登山、品酒、攝影、音樂、花藝、烹

飪、電影等，種類繁多。截至目前為止，趣味人俱樂部的會員人數已超過 33 萬人，是日本國內規模數一數二的成年人社交興趣交流網站。70% 的會員年齡超過 50 歲，將近一半的會員已退休，且男性多於女性（圖 7-4）。

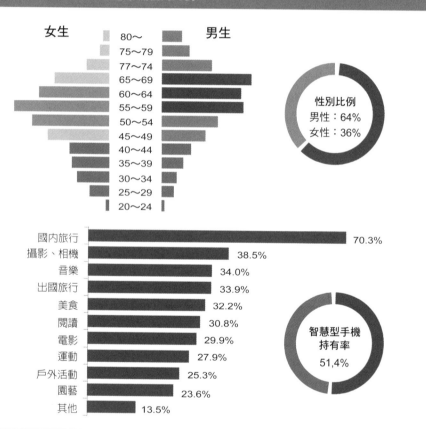

圖7-4 會員組成、興趣、智慧手機使用比例

女生　　　　　　　　男生

| 80~ |
| 75~79 |
| 77~74 |
| 65~69 |
| 60~64 |
| 55~59 |
| 50~54 |
| 45~49 |
| 40~44 |
| 35~39 |
| 30~34 |
| 25~29 |
| 20~24 |

性別比例
男性：64%
女性：36%

國內旅行　70.3%
攝影、相機　38.5%
音樂　34.0%
出國旅行　33.9%
美食　32.2%
閱讀　30.8%
電影　29.9%
運動　27.9%
戶外活動　25.3%
園藝　23.6%
其他　13.5%

智慧型手機
持有率
51,4%

資料來源：趣味人俱樂部，2017 年 1 月，MIC 整理，2020 年 2 月

創造會員交流機制，擴大異業合作

　　只要上網提出申請，經電子郵件認證後，即可免費加入，開始與其他人進行交誼，步驟簡單。目前趣味人平台提供以下5大社交基本功能，分別為：日記、相簿、社群、活動、特輯。熟齡人士除了可以輕鬆地找到與自己志同道合的朋友外，也因為是匿名形式，即使加入一些刻板印象中反差很大的社群如50歲世代的AKB48粉絲團、限60歲以上的嵐樂團粉絲團等，也不會感覺尷尬或不好意思。網頁原則上免費，參加活動或經由網頁推薦的相關主題廣告而產生週邊消費，才需要另外付費。

　　此外，各行各業希望理解熟齡人士需求時，趣味人俱樂部的會員也是很好的研究對象。因此俱樂部經常針對不同主題進行問卷調查，像是「未來可能對孫子女投資的項目與金額」，藉以了解熟齡人士的想法與需求。

　　除了成立初期與Club Tourism旅行社合作外，2017年8月起，趣味人俱樂部也與NTT Docomo推出的「d Enjoy Pass」服務合作。「d Enjoy Pass」以55歲以上人士為主要對象，提供「休閒」、「溫泉、美容」、「生活」、「住宿」、「美食」、「運動」、「學習」、「健康」、「照護」、「禮品及其他」等10大領域的5萬件以上優惠方案，每月僅需支付500日圓（未稅，約新台幣140元），就能利用上述相關方案。

　　「d Enjoy Pass」與趣味人俱樂部平台合作，讓志同道合的會員們能透過趣味人俱樂部首頁的d account（R）按鈕登入「d Enjoy Pass」平台，參與各式活動等。趣味人俱樂部平台也在會員中招募「d Enjoy Pass」特派員，提供各種「d Enjoy Pass」利用法建議，藉以讓會員接觸嶄新興趣，也提供更多認識新朋友的機會。

借鏡與啟發

保障隱私安全，創造交誼機制

　　趣味人俱樂部之所以能獲得熟齡人士的喜愛，最關鍵的便是隱私管理匿名機制，保障會員身分不與真實世界資訊鏈結，沒有遭到辨識的風險。不管是想在平台上當個附庸風雅的假文青，或是參加青春偶像團體粉絲群，都不用擔心會被熟人認出來而感到尷尬。讓會員得以卸除頭銜的包袱，輕鬆自在地抒發自己的想法。平台同時創造多元交誼機制，除了匿名線上留言互動外，會員也可以參加俱樂部活動，或其他同好發起的活動，增加彼此之間的聯繫。此外，平台並與其他企業合作，提供會員專屬優惠，擴大會員福利；或是以廣告推播形式，推薦會員有興趣的主題，讓會員視本身需求消費。

老後也能學習新東西——留學 Journal、Snow Company 的解決策略

　　在這個資訊爆炸的時代，老後的學習也應該要日新月異，不再是過去的書法、繪畫、音樂、唱歌等靜態活動，而是學習使用電腦、撰寫程式，甚至是出國留學。以下為各位介紹為熟齡人士提供海外留學服務的「留學 Journal」，以及教授老年人使用 3C 產品的「Snow Company」。

案例 1：留學 Journal

留學風氣的興起與轉變

　　出國念書是許多人年輕時的夢想，卻往往受限於當時的經濟因素、

家庭羈絆、個人成績、人生方向迷惘等問題而未能成行。年老退休之後，開始有許多時間可以自由安排，經濟上也較為寬裕，不知不覺中數十年前種下的種子開始發芽，「出國念書」的念頭再次興起。留學 Journal 公司察覺了留學市場中潛在消費族群──熟齡人士的需求，推出熟齡留學服務，開拓出一片新天地。

留學 Journal 公司至今已服務超過 45 個年頭，協助 20 多萬人出國留學。ICS 國際文化教育中心是留學 Journal 的前身，創設於美元固定匯率制度廢除的 1971 年。日圓開始升值，ICS 國際文化教育中心也開始為想出國留學的人提供海外學校資訊，辦理留學講座。1983 年，該公司開始發行《海外留學雜誌（留学ジャーナル）》，其後 1986 年日圓急遽升值，掀起了一波留學潮。ICS 國際文化教育中心與當時的第一勸業銀行信用卡（第一勧銀カード）合作發行留學生用 ICS 信用卡，並增加分支服務據點，留學業務蒸蒸日上。此外，ICS 國際文化教育中心還陸續針對不同目標客群發行專刊，例如短期留學之《夏季留學（夏の留学）》及女性留學之《Moving up》等。

2003 年，永旺 AEON 公司投資設立「留學 Journal」，並接收 ICS 國際文化教育中心的全部業務。在永旺公司龐大的資源挹注下，留學 Journal 對留學事務的拓展更為積極，開始收購海外其他的留學服務機構，並出版各式留學生活相關刊物與書籍。目前留學 Journal 與 11 國約 6,000 所學校合作，2011、2013、2016 年均榮獲「StudyTravel Star Awards」（由英國 Study Travel 公司發行之留學業界雜誌「Study Travel Magazine」主辦，業界人士投票遴選優秀留學代辦公司、語文學校等）之「亞洲最優秀留學代辦公司」殊榮。

留學 Journal 的發展見證了日本留學風氣興起、轉變，2000 年後，嬰兒潮世代逐漸步入退休生活，向該公司諮詢留學的中高齡人士也越來

越多。這群人不以取得學位為目標，希望在海外學習語文，並體驗更多當地文化及生活。有鑑於此，留學 Journal 自 2015 年起針對 30 歲以上人士發行《大人的留學》摺頁，開始提供非學生的留學相關服務，深受50 歲以上熟齡人士歡迎。留學 Journal 的《2018 年留學白皮書》中指出，2017 年透過該公司安排出發的留學者當中，40 歲以上人士呈現 2 位數成長；相較於 2016 年的成長幅度分別為 40 ～ 49 歲是 27%，50 ～ 59歲是 12%，60 歲以上是 80%。

青年留學重學位，熟齡留學重體驗

相較於青年留學，熟齡留學這類「非學生」留學有很大的不同。青年留學的目的是為了取得學位，重視名校、名師、攻讀學位所需時間，乃至畢業後的求職外溢效果等面向。熟齡留學者則不再侷限於大專院校校園，更希望貼近當地人真實生活空間：例如擔任幼兒園、養老院日語教育志工，在農場協助飼養牛馬，參加當地烹飪、插花等文化講座，或是入住當地學校宿舍、寄宿家庭，甚至直接住進大學教授家。過程中學習語言，體驗文化，欣賞大自然風光，感受當地人的生活，當然也有些人透過留學為移民當地預作準備。

針對各自不同的留學需求，留學 Journal 為熟齡人士準備了多元方案。例如有人覺得和年輕人一起上課沒有話題可以攀談，希望能跟自己年齡差不多的熟齡人士一起上課；但也有人希望可以跟不同年齡層的人相處，覺得這樣的學習環境中可以接受到新刺激，有更多交流。其中也不乏希望能實現自我學歷最高峰，重視系所、課程與師資陣容的人，也有些人希望提升自己入境隨俗的能力，偏好住在寄宿家庭，與當地人一起生活。

針對每位有意出國留學的熟齡人士，留學 Journal 會安排專任諮詢

顧問及申請手續顧問 2 位一組，提供客製化服務，內容包含從開始申請至回國為止的全方位協助。同時為協助留學者處理在當地發生的緊急事件，留學 Journal 提供全年 24 小時緊急日文免費熱線——「學生守護」。接受輔導準備出國的熟齡人士還可以到永旺關係企業的「英語會話 AEON」以優惠價格進行行前英文強化等，這些服務都讓教育水準高、手頭寬裕的嬰兒潮世代，放心把留學事務交給留學 Journal 負責。

案例 2：Snow Company

扭轉對數位產品的恐懼

對 1980 年後出生的「數位原住民（Digital Native）」而言，智慧手機、平板電腦等 3C 產品是理所當然的存在，直覺式的使用設計，易懂的操作介面，使得此類商品的接受度極高，甚至導致年輕人沉迷、成癮。

但對於嬰兒潮世代的熟齡人士而言，身為「數位移民（Digital Immigrant）」，對使用 3C 產品總是覺得莫名恐懼，感到複雜、困難而自我設限。為了消弭上述恐懼感，Snow Company 所開設的「老年 3C 教室」致力協助熟齡人士親近 3C 產品，體驗相關產品的便利性。例如身體不舒服時可以線上採購生活用品，或先將處方箋傳給藥局，縮短等待拿藥的時間等。

貼近生活的多元主題

在幾乎人手一支智慧行動裝置的時代，許多年長者也經常有機會接觸到相關產品，但除了較為熟悉的打電話、傳訊息或照相等功能之外，年長者大多對於其他功能一概不知，更別提下載 App 了。再加上身邊無人可問，一旦遇到要換新手機、新平板電腦時，就顯得更加手足無措。

Snow Company 創辦人增田由紀小姐在 1999 年時開始教授電腦、數位相機使用法課程。2011 年發生的東日本大地震成為增田小姐的轉型契機。當時位於千葉縣浦安市的教室因停電而無法使用，但透過 iPad 還是可以收集震災資訊，促使增田小姐之後正式開設 iPad 教學課程。此外伴隨著智慧手機使用人數增加，她也開始教授智慧手機使用法。

Snow Company 所開設的「老年 3C 教室」走的是親民路線，舉辦各種 3C 產品使用法專題講座、社群軟體應用課程、英語教室與活化腦部講座等，希望透過使用 3C 產品活化年長者腦部機能。因此 Snow Company 也舉辦特定講座，每次介紹一種有助於活化腦部的 App，與年長者一起動手做或一起遊戲。

課程內容包括各種生活應用類專題講座，如：Line 使用法、Email 寫法、智慧手機攝影技巧、出遊時交通工具換乘搜尋方式等，還有一次 60 分鐘的智慧型產品體驗課程等，鼓勵年長者在購入 3C 產品前先使用看看。

相較於一般電腦教室課程設計與教學目標，Snow Company 相關課程主題多元，靈活運用生活化主題介紹各種 3C 產品使用法，讓熟齡人士透過上述講座、課程輕鬆學會各種使用技巧，帶來 3C 產品使用上的成就感。

主題多元且生活化的課程

在上述教學、分享過程中，增田小姐發展出一套熟齡人士專屬教學方式：例如盡量不使用年長者不熟悉的片假名，以平易近人的語言代替專業術語，或是針對智慧手機畫面較小，年長者經常不小心按錯鍵的問題，提出年長者容易理解的因應解決法。例如引導年長者以「撿起小芝麻粒」的感覺碰觸智慧手機螢幕等。

此外，2012 年起，增田小姐將教學經驗以不同形式輸出，出版了平板電腦、智慧手機、電腦使用法系列專書，至今共出版 21 本。首先，這些書籍的封面都用斗大的字寫著「最平易近人的○○○」、「60 歲開始的×××」，讓年長者看到封面就感到信賴與安心。此外，書中使用較大的文字及圖片，並以輕鬆口吻及深入淺出的方式，一步步引導年長者認識 3C 產品並學會基本操作，降低對 3C 產品的恐懼感，增強熟齡人士對 3C 產品使用法的學習意願。因此在 Amazon.jp 線上購物的「Mobile ／ Tablet」書籍類別中，上述書籍屢屢熱銷。

借鏡與啟發

生活經驗導向的熟齡學習

從留學 Journal 及 Snow Company 的例子中可以發現，即使是行之有年的服務，也能因為發掘出熟齡者不一樣的需求而推動服務創新，進而掌握商機。對熟齡人士來說，學習不再是壓力，更重要的是學習過程中的體驗、成就感及認識新朋友。從生活經驗角度出發，設計學習型態與課程主題，即使是年長者想學會複雜的 3C 產品及到海外留學，都不再是難事。

沒人陪沒關係，有寵物也可以——Shinnippon Calender、Trendmaster 的解決策略

退休人生有五寶：老身、老本、老伴、老友、老狗，說明了要有幸福的退休生活就應該要備齊這五寶，在子女沒有與自己同住時，許多熟齡人士會選擇飼養寵物，讓日子過起來顯得比較熱鬧，心裡也比較不會

感到孤單。本篇將介紹兩個案例，一個是由 Shinnippon Calender 公司提供能讓年高齡飼主與寵物共老的居住空間，一個是專營電子寵物的 Trendmaster 公司。

案例 1：Shinnippon Calender

許多熟齡人士在進入空窗期或離婚喪偶後都會開始養寵物，養了寵物，不僅家裡的氣氛會熱鬧許多，對熟齡人士而言也有多種好處，像是增進大腦認知功能、增加活動量、幸福感提升、改善認知障礙、降低社交孤立感、提升自信、紓解抑鬱情緒、降低血壓等。但即便是相伴多年的寵物，最終也可能因為體力漸衰的飼主入住照護機構而被迫分開。有鑑於此，Shinnippon Calender 公司踏出月曆印刷本業，開創第 3 個事業板塊，為熟齡人士打造一座寵物同住型養老院，創造一個有寵物陪伴的生活空間。

最懂「時間」的公司

Shinnippon Calender 公司是一間製造、銷售月曆、紙扇、禮品、文具和紙製品的公司，1922 年創業至今 90 餘年，在日本的月曆產業領域享有 30% 的市占率，並順應時代需求引進最新製造設備，設計、生產各類相關產品。

Shinnippon Calender 洞見趨勢變化，發現在少子化浪潮下，不僅是家庭，乃至單身、熟齡人士都開始飼養寵物。1994 年，該公司創設了第 2 個事業部——寵物事業部，取名為「PEPPY」。PEPPY 一字融合了 PET 與 HAPPY 兩字，Shinnippon Calender 希望能讓更多人理解與寵物共同生活的樂趣，因而致力於寵物用品郵購、網站經營及寵物藥品、寵

物醫療耗材與設備銷售等業務，並協助培育相關人才。其中寵物用品郵購部分，Shinnippon Calender 獲得由開業獸醫組成的全日本獸醫公會協助，針對寵物飼主編輯、發行郵購雜誌《Doctor's advice PEPPY》。

Shinnippon Calender 第 3 個事業部的創設，也是時代脈動下的產物。許多飼主與寵物長久相處，已有深厚感情。然而一旦自己年邁，需要他人協助照料生活時，往往必須入住養老院而與心愛的寵物分開。而且，寵物也一樣會衰老、生病，許多年長的犬貓都有骨骼、關節、腎臟等問題，可能需要經常就醫，飼主照料上也需要耗費較多的精神與體力。

由於多數養老院無法飼養寵物，即使可以飼養，尚需考量其他沒有養寵物住戶的需求及接受度，因而有諸多限制。為創造年長者可以和寵物一起開心生活的環境，Shinnippon Calender 提出「寵物同住養老院」的構想，2016 年成立 PHP（Peppy Happy Place）事業部，開始投入付費型養老院興建與營運，並於 2017 年 11 月起正式營運，讓「想要永遠和寵物住在一起」的熟齡人士有一個可以安心生活的居住環境。

滿足住戶和寵物照料的雙重需求

設立在日本大阪的 PHP 寵物同住養老院，是一棟 9 層樓的建築物，共有 19 種房型、45 戶。房間可分為養貓專用、養狗專用及貓狗通用型，像是養貓專用的房間中，PHP 規劃了貓步道、貓塔等遊戲空間，所有房間並都設有防止寵物墜落的陽台。1 樓有住戶專用動物診療室、美容室、小貓認養設施及外部飼主也能利用的愛犬寄養設施、寵物咖啡廳，部分服務也提供給非住戶飼主使用。2 樓則是有較多的活動空間、多目的廳、狗狗遊戲室、健康管理室、在宅訪視據點及諮詢室。3 ～ 9 樓主要是居住空間，9 樓還有一座大浴場可以讓住戶自由使用，在養老院中有照料熟齡人士及寵物健康的專業人員 24 小時常駐。

　　假使有寵物不幸過世，可在養老院內舉辦告別式或葬禮，院方也會協助住戶尋找新寵物。另外若住戶無法再照顧寵物，院方會協助安置或領養。

　　當然，除了對於寵物的照料外，PHP 接納有慢性病但可部分生活自理的熟齡人士，也為住戶安排了很多活動，像是共餐、生日會、花藝、手作、急救、寵物同樂會、寵物講座、健康生活講座等。有趣的是，頂樓的大浴場還會順應不同節氣擺放不同草藥、花果，讓住戶在不同香氣中享受泡澡的樂趣。

案例 2：Trendmaster

　　養隻寵物來作伴，是許多人晚年的生活寫照，可以和寵物一起散步，覺得自己被需要、被依賴，總讓人有一種莫名的幸福感。但養寵物還要花時間照料，餵食、洗澡、處理大小便，看醫生也讓人覺得有點麻煩。Trendmaster 玩具公司開發出一系列寵物玩具商品，讓因為種種因素無法飼養寵物的人獲得心靈療癒的同時，也省去照料寵物的麻煩。

從人生的「低潮」到販賣「幸福」

　　Trendmaster 寵物玩偶商品的成功，最初是從一個人生的低潮開始。創辦人中田敦先生，起初是一家大型玩具公司的員工，在公司遭併購過程中被裁員，因而在 2011 年 3 月轉職到一家小玩具公司服務，從產品規劃到銷售，他都一手包辦。當時，適逢日本發生 311 大地震，親戚一家從福島撤離，避難到他們家同住。

　　還是小學生的姪子因為避難而轉學到當地的學校就讀，起初無法融入新生活，甚至遭到同學排擠。有一回中田先生看到姪子邀請一位朋友

到家裡玩，兩人相處愉快、互動熱絡，感情也開始變好。中田先生有感而發，希望能開發更多促進人際交流的產品，於是在 2011 年 7 月創辦 Trendmaster。

有感於都市化造成核心家庭化，以及獨生子女和獨居老人增加，Trendmaster 希望能製造出「讓家庭成員間溝通更加順暢」的產品，「創造家庭的幸福」，讓孩子玩得開心，緩解年長者的寂寞。也期望公司的產品既是玩偶，亦是朋友、寵物，甚或是家庭的一份子，讓購買產品的客人及其家人都能感到幸福。

豈料中田先生的創業之路並不平順，沒有了過去大公司的奧援，也沒有品牌的加持，Trendmaster 產品的開發、推廣、銷售不佳，處處碰壁。中田先生回家後撫摸著家裡的貓咪，發現自己不知不覺放鬆了許多，靈機一動，決定開發貓咪玩偶，意外獲得了市場肯定。

假玩偶、真療癒

2012 年，Trendmaster 推出「摸摸小貓玩偶（なでなでねこちゃん）」，之後並持續推出療癒型玩偶系列，如「摸摸小狗玩偶（なでなでワンちゃん）」等，獲得多項福祉商品認證。2016 年 7 月～ 2017 年 2 月「摸摸小貓」與「摸摸小狗」系列產品於電視購物頻道 QVC 中銷售，曾創下一小時內售出 1,000 隻的佳績，至今「摸摸小貓系列」商品更已賣出超過 6 萬隻，銷售狀況超乎預期。

只要觸摸、輕撫玩偶的頭、身體、尾巴等不同部位，玩偶就會發出不同的真實叫聲（真實貓狗叫聲的錄音）回應使用者。此外，Trendmaster 也能依照購買者提供的照片，製作特定品種、特定姿勢的玩偶，提供客製化服務。

2017 年，Trendmaster 的療癒系列商品與帝京科學大學小川家資教

授合作研究。小川教授讓不同組的受試者分別玩「摸摸小狗玩偶」和閱讀雜誌，然後再進行簡單的數學運算測驗。結果發現：玩「摸摸小狗玩偶」的受試者不僅正確率較高，注意力表現也較為集中。

總是能輕而易舉就逗樂長輩的除了寵物，非小孩子莫屬。每每在街邊看到爺爺奶奶與小朋友互動，總能看到自然流露出的幸福笑容。於是 Trendmaster 在寵物貓狗商品獲得市場接受後，又開發了「你好寶寶玩偶（男、女）」系列商品，是與真人娃娃等身大小的「電子孫子」。玩偶裝有震動感測器、聲音感測器，只要跟它們說話、輕拍、高舉、躺平、搖晃，電子孫子都會發出不同的聲音，說出 1 歲左右嬰兒常用的 100 種語彙。假使太久沒去碰觸玩偶，玩偶也會發出聲響向人們討拍，讓長輩們重溫育兒時的溫馨時光。

借鏡與啟發

「互動」掃除孤單，開拓「陪伴」商機

在都市化與高齡化發展下，許多熟齡人士由於和家人分居或喪偶獨居，因而容易感到寂寞，想飼養寵物排遣情緒，也未必都能如願。Shinnippon Calender 的 PHP 寵物同住養老院，以及 Trendmaster 的寵物玩偶，同樣洞見熟齡人士怕孤單、需要陪伴的需求，從自身企業的專業出發，提供了兩種截然不同的解決方案。

當我們「宅」在一起 —— 未來企畫、R65 不動產的解決策略

能在自己熟悉的地方「在地老化」，一直是許多人對老後的期待，

只可惜礙於種種主、客觀因素，未必人人都能如願。有人老後會想搬到離子女或朋友家近一點的地方住，有人會入住老人住宅，有人則寧願一個人獨居。有人選擇搬家，因為住在舊家處處會讓自己想起已逝的伴侶，觸景傷情，當然也有人因為健康狀態不佳入住照護機構。以下想跟各位分享「未來企畫」、「R65」兩家公司的案例，這兩家公司都嘗試解決熟齡人士「住」的問題，讓熟齡人士不再孤單、無助。

案例1：未來企畫

對於老後生活的期待人人不同，有人選擇與子女同住，有人獨居，也有人選擇搬進老人住宅認識新朋友。未來企畫公司創設的「你家（アンダンチ，andanchi）」是一個多元複合式居住空間，讓入住者能不再只是關在屋子裡，跟許多人互動。

「你家」2018年7月甫興建完成，並開始招募住民，即陸續榮獲下列獎項：2018年仙台市商業創意大賽大賞及觀眾票選獎、2018年第6屆亞太高齡人士照護創新獎（6th Asia Pacific Eldercare Innovation Awards）Best Silver Architecture類最終入圍，2019年「地區、社區經營」部門Good Design獎。此外，並因推動地區社會福利嶄新嘗試，獲得七十七銀行（仙台當地銀行）商業振興財團之補助金。

「アンダンチ」一詞在仙台方言中是「你家」的意思，創辦人福井先生希望這裡可以成為熟齡人士的第2個故鄉；此外，「アンダンチ」的日文讀音是Andanchi，其中「chi」這個音既是日文中「知（智慧）」字的發音，也是「地（場域）」字的發音，也顯示福井先生期待這裡能成為促進熟齡人士與周邊居民交流的場域（地），並有助於智慧（知）的傳承。

跨世代、與在地居民共生

　　為了打破一般人入住老人住宅時感受到的「隔絕感」，「你家」的居住環境規劃了許多不同性質與功能的區塊，創造出以老人住宅為中心，與周邊居民自由交流的場域，使入住的熟齡人士及其家人、朋友、周邊居民能共享生活，人與人的互動既親切又自然。目前這裡的主要設施如下：

打造專屬老人的居住空間

　　「你家」的主體空間，共 50 戶，可入住 54 位熟齡人士，無論是能自理生活，或是需要重症護理的熟齡人士皆可入住。屋內設有緊急呼救按鈕，365 天 24 小時都有醫護人員待命，還有公共起居空間、廚房、日光浴室、榻榻米休息室及開放式露臺。此外，還可享受其他區塊提供之「餐飲、醫療」服務：

（1）日式餐廳

　　提供日式餐點，強調菜餚都經過專業營養師設計，以糙米為主食，並精選無添加日本國產當令食材及優質調味料。除了老人住宅外，也為內部其他設施（含托兒所等）供餐，並接受外部顧客來店用餐。

　　每個月最後一個星期六舉辦共餐餐會，選用當地農戶的新鮮食材，讓父母親帶著孩童與熟齡住民一起共進午餐。營養師會為參與者講解，兼具食品營養教育功能，致力於減少兒童、老年人一個人吃飯的次數。

（2）雜貨店

　　雜貨店位於你家 1 樓入口玄關，販賣糖果、餅乾、飲料、玩具等各式雜貨。入住你家的熟齡人士可志願來此顧店，進而與內部附設托兒

所、當地小學學童及附近的孩子們互動。

（3）照護機構

為小規模多機能照護服務機構，空間採開放式挑高設計，給人開闊明朗的感受，365 天 24 小時為熟齡住戶及當地民眾提供「日照」、「過夜」、「居家訪視」、「照護管理」等居家照護服務。依據服務項目、照護等級、失能及失智狀況不同，提供單次計價及月費的形式收費。

（4）托兒所

位在餐廳 2 樓，提供員工及當地居民子女托育服務，會利用你家的庭園空間讓兒童散步與進行戶外活動，照顧庭園中的動植物，提升對事物的觀察力與感受力，也能與入住熟齡人士自然互動。

（5）交流棟

熟齡人士與當地居民的共用交誼空間，舉辦親子英語會話課程、育嬰講座等，當地的居民也能一起參加，並設有日常生活健康室，可進行瑜伽等運動課程，保健室提供醫保健諮詢服務，圖書館內有社區居民捐贈的繪本書籍，並銷售手作藝品，週末時可出租舉辦市集、音樂會等活動。

同時，在交流棟 2 樓設有作業室，提供你家內部各類工作（如：折傳單、將信件裝入信封、貼收件人及地址標籤、製作海報等），讓不同程度的身障者有機會工作並獲得酬勞。

（6）庭園

在建築物中間所圍出的庭園，種滿各式花草植物，設置休憩座椅，

還有一個池塘、比薩窯、烤肉架等。這裡還飼養山羊，全區沒有圍籬，熟齡住戶、托兒所兒童及當地居民都可以自由進出。

案例 2：R65 不動產

一個暑熱難當的日子裡，一位 80 歲卻仍身體健康的老奶奶與年輕熱血的房仲相遇，在聯繫了 200 個租屋物件及實際走訪 5 個物件後，老奶奶終於租到房子，而這位熱血的年輕房仲正是接下來要介紹的 R65 公司創辦人——山本遼。上述經驗讓山本先生深刻感受到熟齡人士租屋的不便，興起創辦 R65 的念頭。

讓「劣勢」變「優勢」

根據日本國土交通省 2010 年的調查，房東最不想把屋子租給三種人：單身高齡者、外國人、高齡家庭，其中熟齡人士就包辦了前兩名。2015 年日本國土交通省針對日本全國房東（調查對象 27 萬名）進行問卷調查，結果顯示有 7 成以上房東不願意將房子出租給高齡者。之所以連年調查結果都顯示房東不喜歡熟齡房客，最主要的原因是擔心熟齡人士的經濟能力，及孤獨死等意外發生時難以應對。

但對房東而言，熟齡人士真的就是一個爛咖嗎？山本先生發現了其中一個關鍵：租期長短。和一般租屋者相比，64% 的熟齡人士租期會超過 6 年，甚至長達 10 年以上，平均居住時間是 13 年。而大學生在學校附近租屋一般則是 4～5 年，社會人士是 3～4 年，結婚之後就會選擇換屋，而年輕夫妻的小家庭則是大約 6 年（到小孩入學左右）。因此對房東而言，租屋給熟齡人士租金收入較為穩定，可減少租約到期轉換時

的空窗期，以及重新刊登租屋廣告、看屋的成本。

　　山本先生認為只要能幫房東媒合健康的熟齡人士，克服房東所擔心的付不出房租、孤獨死等問題，降低房東租屋給熟齡人士的相關風險及成本，就有機會創造房東與熟齡房客之間的雙贏。

尋找外部合作網絡

　　釐清了房東不願租屋給熟齡人士的原因後，R65 的服務內容也逐漸清晰起來。首先，R65 與 15 ～ 20 家不動產管理公司合作，從熟齡人士的角度出發（例如儘可能維持目前生活步調等），提供租賃物件媒合服務。即使是房東眼中條件欠佳的物件，只要符合熟齡人士的需求，就能提高媒合成功率。像是租賃物件離電車車站太遠，地點不佳，但要是離公車站近，反而受到熟齡人士青睞。另外，熟齡人士也比較偏好不用爬樓梯的一樓房間，就算房間是和室，裝潢風格比較老舊，卻比較貼近熟齡人士記憶中家的感覺，老房子反而受歡迎。其他像是熟齡人士可能會飼養寵物，希望離醫院近一點，沒有親人可以當保證人，希望租金低廉等需求，R65 都盡可能地加以滿足。如果熟齡人士有需要，R65 還會轉介居家守護服務。

　　在想辦法滿足熟齡人士租屋需求的同時，R65 也致力於消除房東的疑慮，降低房東租屋給熟齡房客的風險。例如為房東轉介房屋險或火險承保公司，或建構房東網路，傳遞其他房東的經驗談。

　　近年來，R65 更進一步提出「R65 安心守護方案」，內容包含「電力守護」及「孤獨死相關保險」（圖 7-5）。「電力守護」預防對策與 IQF 電力公司合作推動，租屋處僅需改用該公司提供電力，不用加裝任何設備。IQF 電力公司一旦發現住戶起床、就寢時段電力使用量沒有變化，顯示房客可能發生狀況而未開關電燈，就會用郵件通知聯絡人（最

圖7-5　R65 安心守護方案

對策 1　「電力守護」預防對策／與新電力公司 IQF 合作

1 不侵害住戶（受守護端）隱私權
運用日常生活之電力使用量檢測是否發生異常，來判定住戶的狀態，在不讓住戶覺得遭到監視的狀態下，守護其安危，尊重住戶的隱私權

2 自動郵件通知減輕利用者（守護端）的壓力
電力使用量出現異常時，自動以郵件通知利用者，無需 24 小時持續監控，壓力減輕
● 利用者（收取郵件者）最多可設定 5 名
● 利用者之居住地點等沒有任何條件限制

3 價格低廉，無需進行期初工程
每月使用費 600 日圓已含系統設置費用，無需另行支付期初工程費用，僅需更換電燈即可輕鬆引進

對策 2　「孤獨社會護身符」補救對策／與 Aiaru 小額短期產險公司合作

空屋、打折期間的
房租保障 最長 12 個月 單一意外補償上限 **200 萬日圓**

原狀恢復善後費用
善後費用補償 遺物整理、特別清掃及除臭費用等 單一意外補償上限 **100 萬日圓**

利用 Aiaru 小額短期產險公司的「孤獨社會護身符」方案，發生意外時也能獲得房租及善後費用補助（方案費用已含保險費）

4 成為溝通契機
通知郵件可促成「住戶」與「守護者」間相互溝通

資料來源：R65不動產，MIC 整理，2020 年 2 月

多 5 人）。這個對策除了能及早覺察熟齡房客可能發生意外，又能保有房客隱私，不會有隱私遭窺探的感覺。另一方面，針對萬一真的發生房客孤獨死狀況，守護方案中配套提供 Aiaru 小額短期產險公司名為「孤獨社會護身符（無緣社會のお守り）」的「孤獨死相關保險」。本保險可補助房東如整理房客遺產、孤獨死清掃等處理善後費用，如因前任房客孤獨死而不得不調低房租時，保險也會補償屋主相關損失。

目前 R65 在北海道、埼玉縣、東京都、神奈川縣、富山縣、靜岡縣、兵庫縣、山口縣、大分縣提供相關服務，至 2018 年 7 月經手物件接近 1 萬件。

讓租屋不只是租屋

雖然 R65 嘗試協助高齡者租屋，也與不同的不動產公司合作，增加

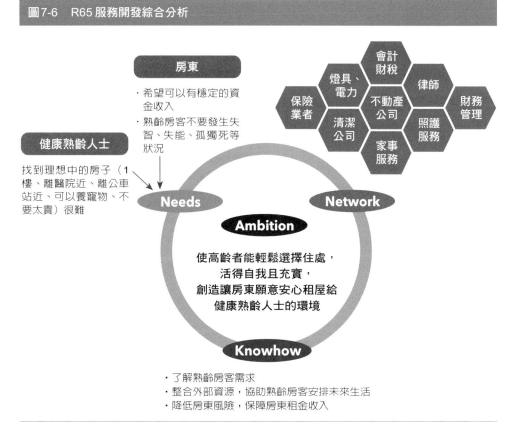

圖7-6　R65服務開發綜合分析

房東

- 希望可以有穩定的資金收入
- 熟齡房客不要發生失智、失能、孤獨死等狀況

健康熟齡人士

找到理想中的房子（1樓、離醫院近、離公車站近、可以養寵物、不要太貴）很難

會計財稅

燈具、電力

律師

保險業者

不動產公司

財務管理

清潔公司

照護服務

家事服務

Needs

Network

Ambition

使高齡者能輕鬆選擇住處，
活得自我且充實，
創造讓房東願意安心租屋給
健康熟齡人士的環境

Knowhow

- 了解熟齡房客需求
- 整合外部資源，協助熟齡房客安排未來生活
- 降低房東風險，保障房東租金收入

資料來源：R65不動產、R65+，MIC整理，2020年2月

案源，但發現日本現行體制下，仍有許多問題難以突破。因此在2017年6月5日，山本先生又創設了R65+公司，希望提供嶄新服務，使高齡者更容易租到房子，房東也能安心將房子租給高齡者。

在既有的R65服務之外，R65+還會協助熟齡房客製作「未來整理筆記（未来整理ノート）」，釐清入住期間可能發生的問題，以針對問題預擬對策。此外，R65員工會定期訪視，了解房客生活各面向的需求及個人健康狀態，提供家事服務、法務、投資規劃、捐贈、繼承、稅務、工作媒合、照護機構轉介等服務。其次，R65+會主動向屋主承租房屋，

圖7-7　R65＋服務內容

希望入住的熟齡人士

入住者服務
· 協助製作「未來整理筆記」，
　掌握入住期間可能發生的問
　題，並預先擬定對策
· 守護、定期訪視
· 家事服務、協助整理物品
· 法律、稅金、金融規劃諮詢

副租賃合約　R65 不動產　主租賃合約

房東

房東服務
· 免費估價
· 登錄為 R65＋管理物件
· 原創主租賃合約
· 法律、稅金、金融規劃諮詢
　（部分需另外付費）

資料來源：R65＋，MIC 整理，2020 年 2 月

轉租給沒有連帶保證人的熟齡房客。一方面安頓這些熟齡房客的生活，同時也減輕房東不安，確保熟齡房客能住進符合需求的物件（圖 7-7）。

借鏡與啟發

為所有人創造豐富的生活空間

　　荷蘭 Weesp 小鎮上有一座知名的失智老人村 —— 霍格威村（Hogeweyk），村內設有老人住宅、餐館、理髮店、超級市場、商店街等，打造出一座大規模的「偽城鎮」。相較之下，「你家」的場域是一個簡化版的區域共生社會，創造出能讓老人、小孩、身障人士一起生活的空間，使人們能跨世代參與活動。目標是讓熟齡人士的生活不再受建築物隔絕、禁錮，而是可以跟很多不同類型、不同年齡層的人互動，降低孤獨感。

降低困難及風險，創造租賃雙贏

　　洞見熟齡人士租屋難問題，R65 從熟齡人士觀點出發，理解他們對租屋的需求，並且化劣勢為優勢，為房東手中看似條件不佳的物件找到新房客。R65 並整合其他業界的資源，為熟齡人士的健康、經濟與最後終老相關安排提供全方位協助，也為房東的租金收入、房屋維護等方面提供支援。「洞悉需求」與「跨業合作」讓小型不動產公司 R65 在不少人避之唯恐不及的熟齡租賃市場中一枝獨秀。

電子書
免費下載

創新銀髮生活科技營運模式分析

08
怕尷尬

伴隨著老化而來的種種改變，讓熟齡人士的外觀、生理功能、體力逐漸不若從前，這種緩慢的「退化」成了熟齡人士心中一道跨不過去的檻。從外觀、身材、性別、年齡、能力等，總在某些事物上覺得自己與他人格格不入，成了許多熟齡人士尷尬的來源，甚或是因此不願意出門，不願意參加聚會，而封閉自我，害怕成為他人的負擔。

不分男女好尷尬 —— 東京瓦斯、可爾姿的解決策略

這個世界上有兩種性別的人，一種是男性，一種是女性，在社會刻板印象的框架下，總有「某些事情是男性的專利、某些是女性的責任」這類的性別分工意識。但由於老後單身的情況日益普遍，即使沒有另一半，一個人也得料理生活中林林總總的事。本篇所介紹的東京瓦斯即以提供純男性學員的男性料理教室，讓男性學員在沒有壓力的環境中學習並體驗烹調的樂趣。另一個案例則是從女性對踏進陽剛氣十足的健身房感到不快開始，介紹女性專屬的健身房，免除男女一起健身運動的尷尬，而能自在地享受健身的樂趣。

案例 1：東京瓦斯

在傳統家庭生活中，買菜、燒飯、洗衣、照顧小孩、收拾家務等家事多是女性的責任。然而在今日雙薪家庭變多、小家庭化、單身主義盛行、老後單身之大環境下，男主外、女主內的分工模式已然瓦解。烹飪早已不是女性的專利，不少男性也有興趣開始嘗試。

東京瓦斯公司是日本最大的都市燃氣供應商，供給東京都、神奈川、埼玉、千葉、茨城、栃木、群馬各縣的主要都市，並自 1913 年起開辦料理教室，教導民眾如何使用瓦斯取代生火煮飯。1995 年，東京瓦斯提出「eco-cooking」概念，從購物、烹調、用餐、餐後清理四個面向出發，考量如何追求環保。2001 年，有鑑於男性對烹飪的興趣與日俱增，但要男性學員參雜在大部分為女性的學員中學做菜，實在有些尷尬，因此東京瓦斯針對男性烹飪初學者推出料理教室課程，至今已 18個年頭。

具環保概念的各式烹飪主題

東京瓦斯的料理教室強調所教授的每一項菜單都符合上述「eco-Cooking」理念（下頁圖 8-1）：首先，要「適量」購買「當地」產「當令」食材；其次，烹飪過程中盡可能「節約能源」，不浪費食材；第三，盡可能「減少剩菜、剩飯」；最後，清洗餐具時留意「省水」，並「適切處理」廚餘。

在強調環保概念之餘，烹調課程的種類也很豐富。菜餚不限於日本料理，也教授餅乾、麵包、蛋糕、煎餅等點心製作，還有中菜、義大利菜等異國料理，及特殊目的餐點如嬰兒副食品、兒童卡通便當、上班族便當菜、20 分鐘快速上菜料理等，滿足不同族群的烹調需求。

圖 8-1　東京瓦斯料理教室課程特色

 環保烹飪理念　　·所有課程都基於環保烹飪理念設計

 課程種類豐富　　·以初學者為對象，包含希望體驗烹飪樂趣的人、兒童、親子、男性等，從日本料理到麵包、糕點等，課程種類豐富

 值得信賴的專屬講師　　·由專屬講師負責指導，包含營養師、食品專家等

 歡迎初學者參加　　·講師輔助烹飪，初學者也能安心參加

 無需入會費單次課程（部分課程除外）　　·無需入會費，降低參加門檻

 利用瓦斯爐方便功能使烹飪更輕鬆　　·從溫度調節到煮飯，利用方便功能輔助烹飪，作業更順暢有趣

資料來源：東京瓦斯，MIC 整理，2020 年 2 月

男性限定專班

　　限定男性參加的料理課程目前主要在東京地區共 18 間料理教室開辦。2001 年首次開辦起，報名參加的男性學員即以 50 ～ 60 歲的嬰兒潮世代為主，多半是退休後希望培養新的興趣，或是希望有獨立生活能力而來，甚至有高齡 94 歲的男性學員也來參加。

　　目前男性限定專班採小班制教學，分為下列兩類：（1）「男性初學者課程（男子ビギナーズコース）」：可單人或團體烹調（價位不同），單次課程以學習烹調入門款家常菜為主。（2）「男性限定廚房（男だけの厨房）」：2 人一組，每期 3 個月，每月上課 1 次（週六或週日），每次約 2.5 小時。學員可選擇不同主題，學習烹調 3 道當令菜色。烹調流

程簡單不繁複，使用易於清潔的烹調工具，並提供附流程照片之參考資料，讓學員能按圖索驥，提高返家後再次挑戰烹煮的意願。

課程採線上報名制，如報名人數超過預定名額，則必須抽籤。中籤者會收到郵件通知，確認回覆是否參加。當天上課所需的食材、工具、設備均由東京瓦斯預先準備，學員們只要當天提早 15 分鐘到教室付款，即可參加課程，輕鬆愉快，沒有壓力。上課的流程分為 3 個階段：首先由講師講解食材挑選、刀工、烹調順序、火候等，再讓學員們實作，最後大家一起試吃。講師會品嘗學員們烹調的菜餚，再做一些實際操作上的提醒。

在這類男性專班中上課，讓男性學員不用擔心自己廚藝不精在女性面前丟臉，也不用擔心不了解食材、不擅長使用烹調工具或提出蠢問題的尷尬，可以輕鬆自在地學習烹飪。東北大學加齡醫學研究所的川島隆太教授（大腦認知科學家）研究烹飪對大腦的影響後發現，烹調時需考慮烹煮流程、備料及下鍋順序，一邊烹煮的同時，還要預估何時煮熟可以盛盤，盛盤時也需要花心思，因此能讓大腦十分活躍。川島教授建議平時以一星期 2 ～ 3 次的頻率持續烹飪，有助於維持大腦機能，預防失智。

案例 2：可爾姿

以「女性專屬」差異化開拓藍海市場

1992 年，可爾姿（Curves）女性健身房在美國創設，1995 年開始推動連鎖加盟後，陸續進軍加拿大、墨西哥、英國、葡萄牙等地。亞洲部分，2005 年進入日本，2007 年進入韓國、台灣、香港，2009 年則進入中國，目前據點遍布全球 96 個國家（2018 年數字）。目前可爾姿在

全球的發展方興未艾，但作為運動健身市場的後進者，可爾姿到底掌握了什麼「通關密語」，以至於能夠後來居上呢？

可爾姿創立時，美國運動健身模式可區分為 2 大類，一類是健身俱樂部模式，一類是家庭健身模式。首先，健身俱樂部模式通常都設點在都會區交通方便之處，有著各式排列整齊的新穎健身器材、淋浴間、三溫暖、飲料吧、輕食料理等，由健身教練群提供團體課程、個人指導等服務，到此運動的會員們不僅可以運動健身，也會有一些社交活動，因此往往一待就是 1、2 個小時以上。其次，家庭健身模式指的就是健身錄影帶、健身書籍、雜誌及家用健身器材等。相較於成為健身俱樂部會員，這類健身商品的價格較為低廉，可在自己空閒的時間，挪出家中少許空間彈性安排運動內容。對女性而言，這兩類健身模式，存在著不同問題。

以健身房而言，許多女性都有「健身房恐懼症」，這雖然不是真的疾病，卻真實地反應出女性上健身房時的「尷尬」與「不愉快」。像是男性會在器材上留下汗漬，不想被男性看到自己大汗淋漓的狼狽模樣，不想跟男性教練有肢體上接觸，男性用過的器材需要調整角度與重量，怕被其他男性看到自己身上的贅肉，怕自己運動時笨拙的模樣被嘲笑等，因此多數女性不會因為有新穎的健身器材、飲料吧、游泳池等因素而選擇前往健身房運動。但是自己在家看著運動錄影帶運動，又很容易鬆懈，難以達到減重以控制身材的目標。

針對上述問題，可爾姿提供了全新的健身選擇，讓會員們可以在不貴、舒適又沒有男性的專屬環境中，與其他會員在女性教練帶領下規律且有效地運動，成功打動了想要以運動健身來維持身材卻總是失敗的女性，達到差異化目的，吸引更多女性到健身房運動，協助其養成運動習慣，提升生活品質。

「減法、3M、3F」創造區隔與優勢

　　針對女性在健身房可能面臨的尷尬及不愉快情境，美國可爾姿在健身房的設計與規劃上做了很多調整，打造女性專屬健身房（表 8-1）。首先，可爾姿善用「減法哲學」，剔除傳統健身房中女性認為不是那麼必要的部分，像是游泳池、飲料吧、三溫暖等，健身器材也精簡為只有 12 台油壓式健身器材。如此一來因為設備、器材減少，所需空間也隨之縮小，算是在辦公大樓或社區裡，只要有 4 ～ 50 坪空間就能開設據點，租金成本也相對低廉。

　　其次，可爾姿以 3M 原則營造「舒適感」，使女性會員來運動時可以感受到舒適與愉快的氣氛。所謂 3M 原則是指沒有男性（No Man）、沒有鏡子（No Mirror）、不用化妝（No Makeup），聘請女性教練陪同、指導會員運動，提供身體狀態評估，讓會員們可以不用在意男性的眼光，也免除與男性教練產生肢體接觸的尷尬，能輕鬆自在地運動。

　　第三，可爾姿並強調下列 3F 原則：趣味（Fun）、快速（Fast）、有效健身（Fitness）。由於設置服務據點時考量小坪數且貼近會員生活

表8-1　傳統健身房與可爾姿健身房的差異

	傳統健身房	可爾姿健身房
價格	昂貴	平價
停留時間	2～3小時	30分鐘
據點	市區：車站附近，交通便利處 郊區：緊鄰大型商業設施	辦公大樓、社區
占地面積	大坪數	40坪左右，小坪數
目標客群	男性為主	女性為主

資料來源：Healthcare Tech，MIC 整理，2020 年 2 月

圈，許多據點開設在社區或辦公大樓附近，縮短前往時所需時間，無論是買菜空檔或是上班午休時間，不用預約，想運動的時候就可以過去參加，快速又方便。運動模式則採 30 分鐘為一個循環，12 種健身器材搭配 12 個恢復板踏墊，每 30 秒轉換一次。在教練陪伴下，可以有效鍛鍊身體，定期量測身體狀態則有助於了解自己體能狀況的變化。一旦察覺開始運動後自己身體的改變，基於女性喜歡分享、需要同伴的特質，大多會廣邀姊妹淘、同事、鄰居同行。

「在地化」順應不同市場需求

成功在美國開拓出女性運動健身市場後，可爾姿跨足其他海外市場時，更推動在地化調整，讓可爾姿的全球板塊加速擴張，其中最有名的例子就是日本可爾姿。

2004 年，日本可爾姿創始人——增本岳在美國看到可爾姿女性健身房蓬勃發展，並省思在日本社會高齡化趨勢下，許多中高齡人士都想找尋適合的地方鍛鍊身體，但往往礙於顏面問題，覺得跟年輕人或異性一起運動會有點尷尬與不好意思，認為可爾姿女性健身房的型態剛好符合熟齡人士需求，特別是日本的熟齡女性。

因此，2005 年增本先生成立日本 Curves 株式會社，將美國可爾姿女性健身房引進日本市場。日本可爾姿健身房維持美國模式，採用「環形 30 分鐘」健身模式，鍛鍊上半身、核心部位、下半身的器材交錯排列，讓剛被鍛鍊過的肌肉可以稍事休息，再進行下一波鍛鍊，以提升運動效率。

此外，日本可爾姿營造「以客為尊的歸屬感」，獲得許多會員認同。像是直接稱呼會員姓名，而非「某某太太」，讓會員覺得受重視。健身房開放時間也配合女性生活作息，週間營業時間是上午 10 點～下午 1

點、下午 3 點～ 7 點，週六為上午 10 點～下午 1 點，週日不營業，讓媽媽會員們可以安排家庭活動。最後，假使一週都沒到健身房運動，教練還會致電關心。

上述理念與做法，讓「感覺有必要運動，實際上卻未能養成運動習慣」的熟齡女性都能輕鬆地到健身房運動，獲得許多家庭主婦與熟齡女性認同。2005 年首次登陸日本後，2007 年日本可爾姿就達成所有都道府縣設點目標，目前 50 歲以上會員占比高達 89.3%，平均年齡達 61 歲，最高齡的會員則是 101 歲（圖 8-2、下頁圖 8-3）。

此外日本可爾姿與國立健康營養研究所（2007 年）、東北大學加齡醫學研究所（2011 年）、東京都健康長壽醫療中心研究所（2012 年）、筑波大學研究所久野研究室（2013 年）之研究合作結果顯示，可爾姿所提供的運動方案有助於改善高齡者肌肉量、肌力、步行能力及語言、

圖8-2　日本可爾姿女性健身房店鋪數及會員人數變化

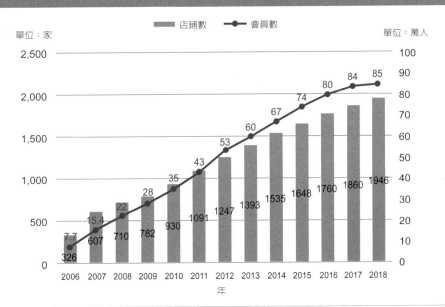

資料來源：Curves Japan，MIC 整理，2020 年 2 月

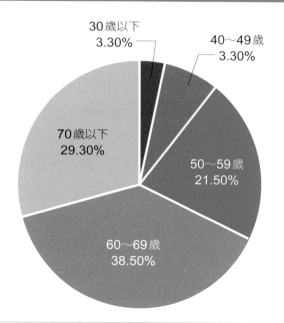

圖8-3　會員年齡層占比

30歲以下
3.30%

40～49歲
3.30%

70歲以下
29.30%

50～59歲
21.50%

60～69歲
38.50%

資料來源：Curves Japan，MIC 整理，2020 年 2 月

記憶能力，具備成人病、代謝症候群、失智預防效果。可爾姿的服務還在 2018 年「服務產業生產效率協議會」之日本版顧客滿意指數調查中榮獲健身機構領域第一名，並連續五年榮登榜首殊榮（該調查為日本規模最大的顧客滿意度調查，自 2009 年實施至今，統計人數樣本達 12 萬人，以 6 個指標為基準，針對不同產業進行分析）。

借鏡與啟發

以「尷尬」與「不愉快」建立差異

　　傳統社會價值觀與性別分工下，許多框架限制了人們對於男性與女

性的認知，一旦發現自己是少數族群時，就會開始感覺奇怪、不自在、不知所措。從東京瓦斯及可爾姿的案例中可以發現，開拓新藍海市場的契機是以「性別專屬」型態吸引消費族群，而不是在現有市場板塊中與他人競爭。期待未來有更多男性專屬及女性專屬產品、服務，讓總覺得有點尷尬的熟齡男、女性可以生活得更輕鬆、自在。

我不行，那是年輕人做的事——Papalagi Diving School、Rendever 的解決策略

不論從生理或心理角度來看，隨著年齡增長，熟齡人士的各種能力會逐漸衰退：例如認知能力，開始容易忘東忘西，對事物的注意力、觀察力、理解力乃至手眼協調能力也大不如前。又加上容易抱持著「自己老了，沒有用」的放棄心態，要讓熟齡人士突破自我，嘗試新事物，更是難上加難。面對新事物，許多熟齡人士總免不了認為那是專屬於年輕人的東西。

以下首先介紹 Papalagi Diving School，該公司透過彈性的課程服務，一步步帶領熟齡人士學習潛水技巧，體驗在海中徜徉的恣意感，讓潛水這個看似年輕人才會進行的活動，為更多熟齡人士所認知。另一個想介紹的案例則是 Rendever 公司，該公司運用穿戴式 VR 顯示器技術，帶領住在養老院、養老公寓、老人住宅／社區的人們以數位化方式走出戶外，消弭一成不變的環境帶來的沉悶感與距離感，創造出更多人際互動及肢體鍛鍊的機會。誰說年紀大了很難接受新科技？ Rendever 就是一個有趣的例子。

案例 1：Papalagi Diving School

Papalagi Diving School 潛水學校創業（1986 年）至今 33 年來，協助超過 2.4 萬人取得潛水執照，每年舉辦超過 1,000 次潛水行程。這家潛水學校目前有 11 家門市，提供專業潛水訓練課程及潛水相關用品販售、租賃服務。每年初學者課程畢業學員（1,000 名以上）中，約有 100 名是 40 歲以上人士。

彈性課程與輕量化器材，熟齡潛水輕鬆上手

「潛水」與其他競賽型運動不同，不需要竭盡全力追求更好的成績，或與對手拚搏，可以斟酌自己的體力、時間及步調來進行，是一種非常個人的運動。而且受到浮力影響，人們在水中活動時不需耗費太多體力，行動緩慢而優雅。即使身體不很強壯，甚至是坐輪椅的殘障人士或聽障人士，也能輕鬆在水中優游。就連起初不會游泳的旱鴨子，經過練習也能學會潛水。

有鑑於此，Papalagi 開設 50 歲以上熟齡初學者專班——彈性潛水執照課程，可依據學員體力與健康狀態彈性排課（圖 8-4），一次最多 4 名學員一起在游泳池或海洋實習，遇有特殊狀況，也會採取一對一授課方式。小班制教學型態下，學員如果身體不適或疲勞時，容易跟教練反應，教練也比較能觀察到每位學員的狀況。此外，教授熟齡初學者專班的都是擁有 10 年以上資歷的資深教練，而且特別注重熟齡學員們在下水前的身體適性。

另外，考量熟齡人士的腿腳較不靈活，肌力較弱，課程設計會考量當日潮汐狀況來設定課程時間，避免退潮時授課，而使熟齡會員必須背著裝備在容易打滑的岩石上行走。課程並採用輕量氧氣瓶，以減輕熟齡

圖8-4 彈性潛水執照課程之特徵與認證流程

課程特徵

- 專收50歲以上人士
- 專屬資深指導員負責教學
- 考量體力、健康狀況安排課程
- 使用輕量氧氣筒等
- 可反覆接受指導，直到有信心為止
- 小班制，可根據本身節奏上課
- 過夜課程安排單人房住宿

認證流程

步驟1 報名	步驟2 學科教學	步驟3 泳池教學	步驟4 海洋實習	步驟5 取得潛水執照
·由指導經歷10年以上之資深員工聽取需求後，介紹課程 ·進行泳池體驗或海上浮潛體驗	·教授潛水必要知識，寓教於樂 ·由於步驟1中已在泳池或海上體驗過，有助於增進潛水知識的理解	·結合步驟1的體驗經驗與步驟2的學理知識，加以演練應用 ·進行泳池潛水講習（半天×2次），可反覆上課，直到有信心下海實習為止	·考量潮汐狀況，以及先前講習理解情形安排時間，進行海洋潛水實習（2天）	·最後一天即可發臨時執照（隔天就能使用） ·約10天後可到店領取正式執照，正式成為潛水員

資料來源：Papalagi Diving School，MIC整理，2020年2月

學員體力負擔。遇到海洋實習需要過夜時，Papalagi 還會幫學員預訂單人房，避免受到室友干擾，確保熟齡學員們能確實放鬆，恢復體力。

　　不刻意照表操課的 Papalagi 給予熟齡學員極大的彈性，除了前面提到的視身體狀態上課，參考潮汐時間排課外，還包括可以在泳池練習到有信心了，才到海邊實習，不怕熟齡學員學不會。讓熟齡學員在身心狀態都準備好的狀態下學會潛水技巧，使得這項看似只有年輕人才會進行的活動，吸引眾多熟齡人士參與，從而體驗到箇中樂趣。

案例 2：Rendever

社交孤立，說不出口的需求

　　Rendever 是一間新創公司，2015 年時由兩位麻省理工學院的研究

生——Dennis Lally 和 Reed Hayes 所創設。Reed Hayes 的岳母因為行動不便，需要有人協助，而入住輔助生活養老社區（Assisted-Living Community, ALC）。在這個退休社區裡，儘管有完善的生活照顧，Reed Hayes 的岳母卻依然出現社交孤立及憂鬱症的問題。簡單、平淡的生活讓她情緒低落，身體機能也迅速退化，並且出現失智情形。

而 Dennis Lally 的外婆則是因為身體不好，只能待在家裡。在與外婆電話聯繫的過程中，Dennis Lally 注意到他定期打給外婆的電話成為外婆獲知新信息的唯一來源，她的生活圈及與外界的聯繫越來越少。

在一次聊天時，兩人談到了各自家人的狀況，發現平淡無奇、封閉沉悶的生活使年長的親人們面臨社交孤立問題，因而萌生了嘗試將失能銀髮族與世界重新聯繫的想法，決定創辦 Rendever 公司。目標則是藉由應用虛擬實境（virtual reality, VR）科技，減輕長者的孤獨感，喚醒陳舊的記憶，增加與世界、人群間的聯繫。

Rendever 目前已為 100 個以上的輔助生活養老社區提供過 40 萬次以上的虛擬實境服務，高達 95% 的用戶持續訂閱 Render 的 VR 內容超過 2 年。Rendever 的服務內容包括：提供頭戴式 VR 裝置、VR 影像內容庫、主持人培訓、保固維修等，並藉由聆聽參加者的意見回饋，開發新內容。

Rendever 目前每月上傳 2 次原創 VR 內容，例如 2019 年 2 月時，美國波士頓地區為慶祝英格蘭愛國者橄欖球隊再度奪得超級盃冠軍，舉行慶祝遊行活動，Rendever 便將遊行活動錄影下來，讓 Benchmark Senior Living 機構中的老人家觀賞，戴上穿戴式顯示器的熟齡居民就像實際在大街上迎接遊行隊伍一般，興奮地揮舞著雙手。如同親臨現場的沉浸式體驗，讓熟齡住民們展現出燦爛的笑容。

沉浸在 VR 的世界裡，開拓人際新節點

　　Rendever 與輔助生活養老社區合作，為熟齡居民提供各類 VR 內容體驗及方案。虛擬實境影片的基本觀賞流程如下：首先，要參加 VR 旅行的居民齊聚到一個公共空間，大約 8 ～ 10 人左右舒適就座。聽取主持人說明後，參加者一起戴上穿戴式顯示器，並在主持人引導下從不同的角度觀賞風景，大約 20 ～ 30 分鐘的影片結束後，再彼此分享觀賞心得（圖 8-5）。

　　影片包含各式主題據點，如巴黎鐵塔、尼加拉瓜瀑布、南極、外太空等，並結合 Googlemap 地圖街景影像，帶領熟齡居民到世界各地進行虛擬旅行，也為長者們提供不同的話題。透過閒聊曾經在當地生活或與家人同遊的回憶，以及未能如願造訪的景點等，創造嶄新交流機會，

圖8-5　Redenver使用方式及效果

| 8～10人 | 公共休息室 | 觀看20～30分鐘 | 分享心得 |

放鬆
客製化的回憶療法工具，可以讓照護機構的居民徜徉在他們童年的家、舉辦婚禮的地點以及過去任何有意義的地方

提供靈感
為居民提供虛擬離開照護機構物理環境的機會，檢視人生願望清單，並以他們從未想過的方式與世界互動

連結人群
透過共享虛擬經驗的力量，居住者可以創造新的友誼，同時提供居住者及其家人難忘的時刻與故事

資料來源：Rendever，MIC 整理，2020 年 2 月

讓參加者對彼此的生活有了更多的認識。

在觀看影片的過程中，經常會聽見參加者的驚呼聲與歡笑聲，手舞足蹈，樂在其中。觀賞虛擬實境影片不僅能減輕老人家的焦慮感，改善憂鬱與社會隔離症狀，同時也能轉移對身體疼痛的注意力，讓年長者心情平靜，睡得更好。此外，觀賞影片有助於活動頭部與四肢肌肉，鍛練肩頸肌肉與靈活度，保持肌力。觀看 VR 影像期間，這些住在機構中的熟齡居民們就像是一個人躲到海邊或山頂上一般，能遠離一成不變的日常，享受片刻悠閒，而不是坐在機構的椅子上與其他入住者大眼瞪小眼。運用穿戴式顯示器的同步功能，老人家還能一起參與互動式遊戲、活動，如：潛水、跳傘、騎摩托車、駕駛飛機、遠足、扔雪球等，為生活增添娛樂性。

此外，Rendever 也協助養老機構為熟齡入住者提供客製化服務，稱之為「家庭時刻（Family Moment）」。本服務提供家庭參與的專用網站，熟齡入住者訂閱個人服務後，其家人就可以在參加重要家族聚會時使用 3D 照相機拍照，並將照片上傳至熟齡入住者帳號（表 8-2）。熟齡入住者不需要離開機構，就能透過頭戴式 VR 顯示器觀看現場情景。又或是機構可以藉由 VR 旅行的方式，協助失智熟齡入住者回到熟悉的家鄉、學校、年輕時去過的地方，來一趟記憶之旅。

除了利用虛擬實境技術為熟齡人士提供旅行樂趣外，Rendever 也開始進行關於記憶力的研究。研究中以 VR 內容模擬真實生活場景，讓熟齡人士挑戰如洗衣服、做飯、打掃家裡等一系列的任務，蒐集動作、反應時間等相關數據後加以分析，有助於建立失智症早期診斷模式，並可根據分析結果開發失智症認知療法。近期 Rendever 公司又制定了一項新計畫，要為癌症病患、腦外傷、中風及癱瘓的病人提供 VR 旅行服務，以幫助病患轉移接受治療的身體不適感。

表8-2	Rendever服務方案介紹	
	方案 1：團體	**方案 2：個人**
方案內容	● VR硬體：配件型Samsung Gear 或主機型Oculus Rift的租借 ● VR內容：（1）世界知名景點虛擬旅行，（2）虛擬體驗遊戲：跳傘、潛水、騎摩托車、駕駛飛機等	● VR硬體：家人無須另外租借 ● VR內容：（1）家庭時刻：由家人至Rendever平台上傳照片、影片，製作客製化VR內容，或（2）記憶之旅：Rendever運用Googlemap街景地圖中的影像，製作專屬VR內容
收費方式	● VR硬體設備押金4,000美元／台 ● VR內容訂閱費500美元／月	未揭露相關資訊
收費對象	輔助生活養老社區	輔助生活養老社區中的特定住民

資料來源：Rendeve，MIC，MIC 整理，2020 年 2 月

借鏡與啟發

別被刻板印象所侷限

　　Papalagi 打破一般人認為「潛水是年輕人的特權」此一刻板印象，理解熟齡人士對於自身體能及學習上的擔心，以彈性、貼心的課程安排方式，讓熟齡人士能夠順利學會潛水，並享受潛水的樂趣。面對超高齡社會來襲的浪潮，各行各業都無法置身事外，即便是看來有點挑戰、有點冒險的活動，依然有掌握高齡商機的機會。

切合需求，就能讓老年人擁抱新科技

　　Rendever 所提供的 VR 服務成功地讓機構中的熟齡居民前往想去的地方。無論是兒時的家，或是遺願清單上的知名景點，數位科技讓熟齡人士可以在安全的空間中再次回味走出戶外的樂趣。誰說老年人排拒、

恐懼接受新科技，Rendever 的例子顯示只要能滿足需求，新科技一樣能受到熟齡人士喜愛。

想老得優雅又有型——資生堂的解決策略

年紀稍長之後，女性們對於外在打扮的想法呈現兩極化的發展。有些人覺得老了沒有什麼好看的，如果沒事情要外出，根本就沒興趣梳妝打扮；但也有些人希望能留住歲月的腳步，總想穿得更年輕點，讓皺紋少一點，肌膚更緊緻些，但又很常弄巧成拙，被認為妝容打扮太過刻意。

資生堂公司認為，即便年齡較長，女性還是有追求美麗的權利，打扮自己並不奇怪，不必因為其他人的眼光而覺得尷尬與不自在。既然年齡增長是一件必然的事，就不應該違逆，與其「抗老」，不如「順應老化」，讓自己維持那個年齡層該有的優雅狀態才是王道。因此資生堂公司提供「化妝療法」美容講座活動及 PRIOR 系列商品，希望協助熟齡女性重新找回美麗與自信。

化妝療法，扭轉「老了，不需要」的想法

資生堂「化妝療法」起源自 1975 年為岩手縣特別養護養老院每月提供一次的美容講座服務，這項被視為是企業社會責任（Corporate Social Responsibility, CSR）的免費活動，卻為資生堂開啟了另一扇窗。最初資生堂公司舉辦的美容儀容講座以高中生、大專生這類社會新鮮人為對象，希望年輕女性踏入社會後能擁有美麗、大方又專業的妝容。

其後，在長年與養老院、照護機構等單位互動下，前述岩手縣高齡設施的美容講座誕生，透過前往不同機關舉辦類似活動，資生堂從中了

解了熟齡女性對於化妝的看法及需求，並累積教授的經驗與技巧。2009年，資生堂正式開始研究化妝行為對高齡者身心狀態的改善效果，結果發現，參加講座的熟齡女性不僅臉上洋溢著喜悅的笑容，對自己的外表與健康也開始充滿自信，抑鬱、失智的傾向獲得緩解，肌力、握力與手指靈活度增加，就連唾液分泌、口腔吞嚥的功能也有顯著改善，為「化妝療法」的有效性提供確切佐證。

於是資生堂自2011年起正式在東京都、神奈川縣、千葉縣及埼玉縣推動化妝療法事業，應高齡者設施要求派遣講師前往，提供美容相關服務。2013年時再合併以往提供給社會新人的美容儀容講座，改名為「Life Quality Beauty Seminar」美容講座（事業名稱則為 Life Quality 事業），擴大推動（圖8-6）。

圖8-6　化妝講座與熟齡產品開發進程

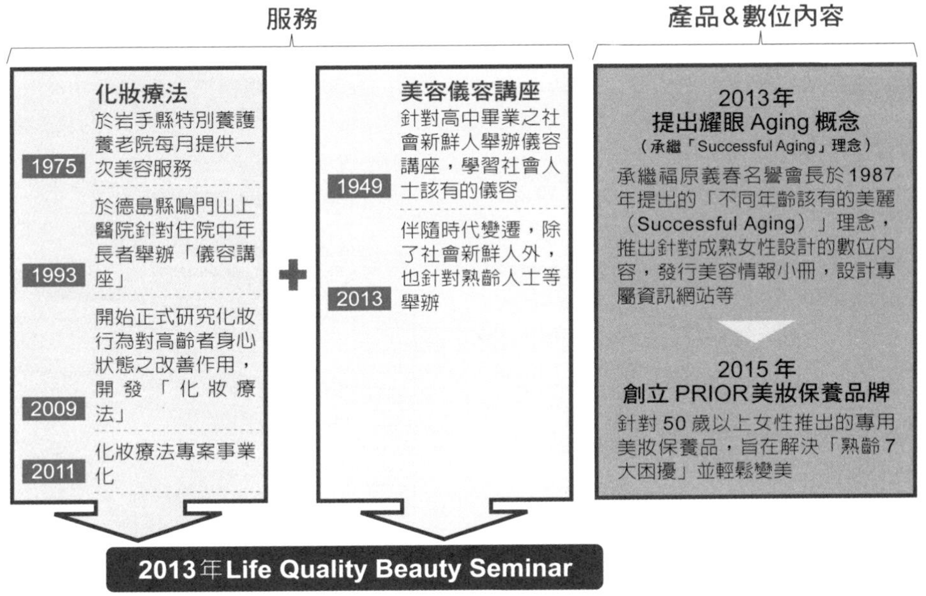

服務

產品&數位內容

化妝療法

1975　於岩手縣特別養護養老院每月提供一次美容服務

1993　於德島縣鳴門山上醫院針對住院中年長者舉辦「儀容講座」

2009　開始正式研究化妝行為對高齡者身心狀態之改善作用，開發「化妝療法」

2011　化妝療法專案事業化

美容儀容講座

1949　針對高中畢業之社會新鮮人舉辦儀容講座，學習社會人士該有的儀容

2013　伴隨時代變遷，除了社會新鮮人外，也針對熟齡人士等舉辦

**2013年
提出耀眼 Aging 概念**
（承繼「Successful Aging」理念）

承繼福原義春名譽會長於1987年提出的「不同年齡該有的美麗（Successful Aging）」理念，推出針對成熟女性設計的數位內容，發行美容情報小冊，設計專屬資訊網站等

**2015年
創立 PRIOR 美妝保養品牌**

針對50歲以上女性推出的專用美妝保養品，旨在解決「熟齡7大困擾」並輕鬆變美

2013年 Life Quality Beauty Seminar

資料來源：資生堂，MIC 整理，2020年2月

為了推動 Life Quality 事業，總公司 CSR 部門中設有 Life Quality 事業小組，初期日本國內 6 家分公司也都設置專責部門 SLQ 推進部（Shiseido Life Quality 推動部門），負責推廣「Life Quality Beauty Seminar」講座，現在也向海外國家進行推廣。

講師與熟齡女性分享、互動過程中，也發現「老了不需要」、「身體不適」、「沒有外出機會」等理由多只是推託之詞。其實熟齡女性只是不知道怎麼打扮才適合熟齡的自己，對於讓自己看起來有精神、容光煥發其實有所期待。藉由參與化妝療法講座，學習化妝技巧，讓自己看起來氣色更好，外出與親友聚會、參加活動的意願也就大幅提升，促成更多人際互動，整個人也隨之精神起來，重新找回生活的意義。資生堂認為：健康長壽的祕訣在於運動、飲食、互動，如果化妝可以促進熟齡女性身心健康，願意出門與人互動，就有助於延年益壽。

同時，為了擴大推廣「Life Quality Beauty Seminar」講座服務（圖8-7），傳授熟齡女性專屬化妝技巧，資生堂又開設了「ADL 強化儀容

圖8-7　Life Quality Beauty Seminar講座類型與對象

Life Quality Beauty Seminar

2013 年起步時之體制設計

教室
- 針對年長者或需照護者
- 種類
  - 化妝教室（針對需支援、照護的人士）
  - 時尚教室（針對健康或需支援的人士）
  - 化妝沙龍（針對個人）

講座
- 針對學生、在職員工、一般團體、癌症病患、年長者相關機構員工等
- 種類
  - 美容儀容講座
  - 癌症患者美容講座
  - ADL 提升講座
  - 手部保養講座
  - 美甲講座
  - 手臂保養講座

現行 Seminar 內容

Seminar類別	針對對象	進行場所
活力滿滿美容教室	健康或需要照護的年長者	醫療機關、照護相關機構、地方自治體等
化妝療法講座	健康或需要照護的年長者	醫療機關、照護相關機構、地方自治體等
美容儀容講座	找工作的學生、社會人士（新進員工、企業員工、管理階層等）	教育機關、一般企業等
社會貢獻儀容講座	身心障礙者	身心障礙機構、特別支援學校等

資料來源：資生堂，MIC 整理，2020 年 2 月

講座（Activities of Daily Living, ADL，日常生活動作）」，並創設「化妝治療師制度」，讓更多有志運用美妝協助熟齡人士維持、提升生活品質的人士（如：照護人員），可以在講座中學習到帶領年長者進行局部美容的知識、技巧，修習完整課程後並可取得資生堂化妝治療師認證考試受試資格。

其次，2013 年起「Life Quality Beauty Seminar」講座改為收費服務，光只 2014 年一年就為約 300 家特別養護養老院、付費養老院、醫院或日照服務中心等機構，舉辦了 1,700 次講座，共約 26,000 人次參

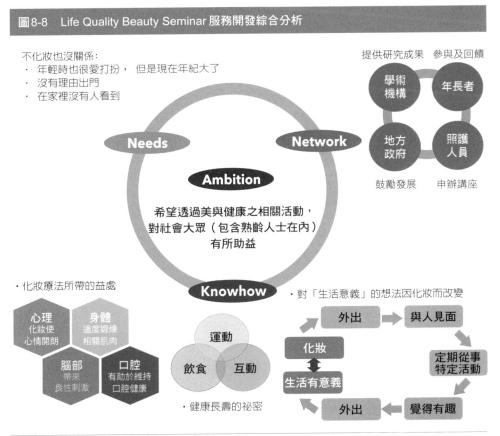

圖8-8　Life Quality Beauty Seminar 服務開發綜合分析

不化妝也沒關係：
· 年輕時也很愛打扮，　但是現在年紀大了
· 沒有理由出門
· 在家裡沒有人看到

提供研究成果　參與及回饋

學術機構　年長者
地方政府　照護人員

鼓勵發展　申辦講座

Needs　Network

Ambition

希望透過美與健康之相關活動，
對社會大眾（包含熟齡人士在內）
有所助益

·化妝療法所帶的益處

心理
化妝使
心情開朗

身體
適度鍛鍊
相關肌肉

腦部
帶來
良性刺激

口腔
有助於維持
口腔健康

Knowhow

運動
飲食　互動

·健康長壽的祕密

·對「生活意義」的想法因化妝而改變

外出 → 與人見面
化妝　　　　　定期從事特定活動
生活有意義
外出 ← 覺得有趣

資料來源：資生堂，MIC 整理，2020 年 2 月

加。「Life Quality Beauty Seminar」講座並連續兩年榮獲 RE-CARE AWARD（由復健、照護預防服務展覽會「RE-CARE JAPAN」於 2018 年創設，目的為促進照護預防、身體機能衰弱預防、高齡者復健、自立生活支援等保險適用對象外服務發展）下列獎項：2018「照護預防／復健服務部門」金獎、2019「產政學合作部門」金獎，顯見其服務規模、成效備受肯定。

化出適齡的美，自信、優雅、不尷尬

2015 年，資生堂正式推出 50 歲以上熟齡女性專屬美妝品牌 PRIOR。但資生堂想要深耕熟齡女性市場的構想，其實在 2007 年就開始萌芽，並逐年深耕。例如資生堂 2007、2008 年針對 50、60 歲戰後嬰兒潮女性所做的消費者調查中發現，戰後嬰兒潮世代的熟齡女性不僅自我意識較為高漲，對於自己的「老後形象」也持有較為樂觀、積極的態度：不刻意抗老，而是從正面角度思考年齡帶來的變化（如皺紋）。資生堂將上述審美觀命名為「Positive Aging」，嘗試開發有助於該當年齡層女性化出適齡妝容的相關產品。2013 年則提出「耀眼 Aging」理念，此一理念承繼福原義春名譽會長於 1987 年提出之「不同年齡該有的美麗（Successful Aging）」理念，資生堂將 50 歲以上，希望活出本身年紀耀眼本色的女性命名為「耀眼 Ms.」，積極推動行銷。

2010 年的日本人口普查結果顯示，50 歲以上女性於全日本女性人口中占比已達 48%，且占比將逐年攀升，預計 2020 年將達到 50%，熟齡市場日益擴大。資生堂同時也透過調查發現，長年以照料兒女、丈夫為生活重心的女性，到 50 歲之後漸漸將重心轉回關心自己，因此化妝品年均消費金額的變化也如同女性就業率一般，呈現 M 型分布，換言

之，年輕女性及熟齡女性的美妝商品消費金額較高。

2012 年 7 月，資生堂內部首先開始推動熟齡女性研究計畫，進行包含「民族誌（Ethnography）」針對特定族群的生活方式、價值觀、行為模式進行情境化描述在內的各種調查，歷時 3 年，訪談 6672 名 50～69 歲女性，徹底掌握潛在消費客群的生活型態、審美觀及具體商品需求。

2013 年 6 月，計畫負責人建議推出新品牌系列，之後歷經重複試作、試用調查，Prior 系列於焉誕生。進行商品、包裝、行銷設計時，資生堂均有效運用上述調查結果。例如針對以下 7 大類熟齡女性的美妝困擾（肌膚不再光滑、膚色暗沉、臉色欠佳、乾燥、肌膚鬆弛、發色差及化妝過程繁複），強調使用本系列產品能「輕鬆變美」，包裝也選用亮眼的紅寶石色，讓該族群光看到產品包裝就能覺得心情變好，並且採用通用設計的方式，讓瓶蓋的設計更易於被識別出來，好拿、好開闔，文案及網頁的顏色與圖片，更易讀、易懂，更直覺。

此外，調查結果顯示熟齡女性在化妝品消費過程中，幾乎不會進行 AISAS（Attention、Interest、Search、Action、Share）消費行為模式中的「搜尋（Search）」（仔細調查並深思熟慮），相反地，有好東西馬上就想跟好朋友分享，在閨蜜及鄰居的小族群中，資訊與商品高速流通。因此，必須設法打入族群的生活圈，才能有效行銷。因此 Prior 系列商品的廣告及宣傳刊物模特兒，也根據上述小族群特性，起用看來平易近人、形象親切、意見領袖型的女性為代言人，用「我告訴你、我分享我的經驗」的角度與熟齡女性溝通，成功引起該族群的共鳴，發售後短短 2 天內就吸引 500 名消費者打電話到熱線洽詢銷售處及售價。

2017 年，資生堂並進一步延伸服務熟齡女性的觸角，除了百貨、網購等通路外，與行動販售業者——篤志丸（見第 9 章第 3 節案例）合

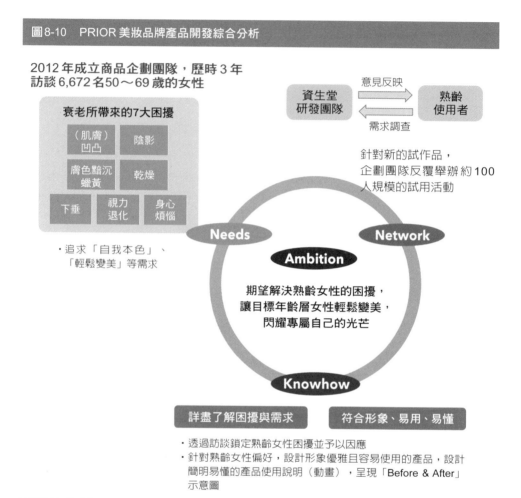

圖8-10　PRIOR 美妝品牌產品開發綜合分析

2012 年成立商品企劃團隊，歷時 3 年
訪談 6,672 名50～69 歲的女性

衰老所帶來的7大困擾

| （肌膚）凹凸 | 陰影 |
| 膚色黯沉蠟黃 | 乾燥 |

| 下垂 | 視力退化 | 身心煩惱 |

・追求「自我本色」、
　「輕鬆變美」等需求

資生堂
研發團隊

意見反映 →
← 需求調查

熟齡
使用者

針對新的試作品，
企劃團隊反覆舉辦 約100
人規模的試用活動

Needs　　**Network**

Ambition

期望解決熟齡女性的困擾，
讓目標年齡層女性輕鬆變美，
閃耀專屬自己的光芒

Knowhow

詳盡了解困擾與需求　　符合形象、易用、易懂

・透過訪談鎖定熟齡女性困擾並予以因應
・針對熟齡女性偏好，設計形象優雅且容易使用的產品，設計
　簡明易懂的產品使用說明（動畫），呈現「Before & After」
　示意圖

資料來源：資生堂，MIC 整理，2020 年 2 月

作，在卡車上設置化妝品櫃位，提供乳液、口紅等商品，還載著資生堂
的美妝專員到鄰里為熟齡顧客提供美妝體驗服務。

借鏡與啟發

熟齡養客三部曲:「體驗、扭轉、習慣」

　　資生堂從一場場為老人院熟齡女性提美妝講座的 CSR（Corporate Social Responsibility，企業社會責任）活動中，認識到熟齡女性重拾化妝樂趣的喜悅及轉變，並將其往事業化方向發展，開創出獨一無二的化妝療法，讓原本免費的 CSR 活動，變成收費性質的美容講座。從體驗化妝開始，讓熟齡女性發覺自己的轉變，扭轉年紀大、不需要化妝、無須追求美麗的觀念，進而養成使用產品的習慣。

問題解決導向、密友間的意見領袖是關鍵

　　運用大規模深度調查的操作，挖掘熟齡消費者需求、消費模式，確立產品功能及訴求，劃定明確的市場區隔與行銷管道，資生堂公司對新產品開發的投資讓人敬佩。然而在如此歷程當中，資生堂了解了熟齡女性對於美妝產品的需求，是「問題解決導向」，並且「偏好在閨蜜及鄰居的小族群內相互交流與分享資訊」的消費行為特性，清楚明確的商品訴求及精準的推廣型態，讓產品一上市就獲得市場肯定。

身體異味惹人嫌——資生堂、Triple W 的解決策略

　　許多人總覺得老年人身上有股奇怪的氣味，不知道該怎麼形容，但老年人好像自己又感覺不到，這些氣味可能是來自於皮膚或尿失禁等問題。因為氣味問題而被提醒，經常讓熟齡人士感覺尷尬，就算努力洗澡，也勤換衣物，卻總還是覺得自己身上是不是有股惹人不悅的味道，因而不敢出門，也不敢邀請朋友到家裡作客，導致老年人面臨社交孤立問

題。這種擔心自己惹人厭的心情，在老人家心底縈繞不去。

　　以下將介紹兩個案例，第一個是資生堂公司販賣的除臭商品「Ag Deo 24」，從臭味成分的研究開始，著手找尋除臭對策；另一個則是 IoT 新創企業 Triple W Japan 企業發明的 Dfree 排尿預測設備，從解決排尿問題著手，避免可能發生的窘境。

案例 1：資生堂

異味惱己又擾人

　　熟齡人士身上可能會出現下列特殊氣味，像是加齡臭、口臭、汗臭、煙酒臭、頭皮臭、尿騷味等，其中最難去除的氣味就是「加齡臭」。所謂「加齡臭（かれいしゅう）」，就是俗稱的「老人臭、老人味」，是一種老人身上獨有的體臭味，特別是在長者聚集的場所容易聞到。加齡臭主要發生在頭部、耳後、頸部、胸口、腋下、背部、膝窩、腳趾及腳後跟等處，味道會吸附在衣物上，就算是脫下後也仍然能聞到。因此熟齡人士即使打扮得年輕有型，只要身上散發出老人味，就很容易被年輕人嫌棄，變得疏遠。

研發、研發、再研發

　　1990 年左右，食品與紡織相關產品當中，開始有人研究添加銀成分的抑菌效果，引起了當時資生堂公司的注意，儘管對於人們身上的異味是怎麼來的，還是一知半解，研究人員還是相信添加銀成分，將可抑制因皮膚表面細菌作用所產生的異味，並持續與美國的氣味分析實驗室進行合作研究。

　　1999 年，資生堂研究中心的土師信一郎等人研究發現，一種由人

類皮脂腺分泌的脂肪氧化後產生不飽和醛——「2-Nonenal（2- 壬烯醛）」，導致臭味發生，大約 40 歲左右就會開始出現在男女兩性身上，隨著年齡增長，分泌量更會越來越多。這點發現讓資生堂對於除臭劑產品的市場前景更加看好。在 2000 年時將具殺菌成分的含銀沸石摻入除臭劑中，並獲得了藥品許可，作為準藥物的活性成分。2001 年 2 月，資生堂推出添加銀離子，具抗菌除臭效果的「Ag+」除臭劑系列商品，其中最熱銷的是 180 公克（無香味）的除臭噴霧商品，上市當年就賣出了 540 萬支的銷量，業績逐年增長，2004 年時年銷量突破 1,000 萬支。

2011 年，資生堂根據對老人味來源的研究成果及認識，也秉持改善生活品質的理念，推出「Joyful Garden」品牌的洗髮精與肥皂等身體清潔用品，希望能為大眾解決氣味問題。資生堂訴求該商品不是用遮蓋方式，而是結合老人味與特殊配方的香氣，將臭味轉化為良好氣味，備受市場歡迎，銷量連年成長。資生堂在本身產品開發過程中的消費者意識調查結果顯示，80% 的人擔心自己有老人味，20% 的人則是曾被家人、朋友指出身上有老人味。

2016 年更以「保持肌膚 24 小時舒爽」為概念，推動品牌革新，更名為「Ag Deo 24」。經過 17 年努力後，2017 年 4 月，資生堂又公布了嶄新研究發現：該公司發現常被用在抗老化保健食品、保養品中的輔酶 Q10，可以有效抑制老人味。研究結果顯示，連續服用輔酶 Q10 共 4 周，能減少身體散發出老人味原因物質，達到抑制老人味的效果。

2018 年又發布找到一種與壓力相關的異味成分，將其命名為「壓力臭」，2020 年推出添加 IMPM 成分的新除臭商品，能同時對抗汗味、壓力臭及加齡臭，運用特殊專利配方，將臭味分子包覆，改善體臭問題。

在這 20 年的品牌經營當中，也因為對於致臭源有更多的了解與認識，在產品的包裝、行銷訴求，也做了些許的調整，像是：因為 30、

圖8-10　資生堂除臭系列商品開發

2020　發布 4 款 9 種新除臭商品，添加 IPMP 成分，對抗汗味、壓力臭及高齡臭

2018　確立「壓力臭」的存在及成分分子

2017　發布輔酶 Q10 有助於從體內抑制老人味物質分泌的研究結果

2016　啓動除臭用品品牌重生活動，「Ag+」更名為「Ag Deo24」

2011　推出「Joyful Garden」品牌的洗髮精與肥皂等身體清潔用品

2001　推出「Ag+」品牌的除臭系列商品

1999　確立「老人味」的存在及成分分子

資料來源：資生堂，MIC 整理，2020 年 2 月

40 歲的青壯年人身上也會有老人臭，只是氣味較淡，所以不強力訴求與「老」相關，強調不是掩蓋臭味，而是透過專利成分抑制細菌製造臭味分子等，儘管市場上除臭相關商品的種類繁多，包括：洗髮精、沐浴乳、肥皂、體香噴霧劑、口服藥劑、止汗劑、洗衣粉、除臭衣物等。資生堂以 20 年時間所累積的研發成果，讓 Ag Deo24 成為日本除臭噴霧市場銷售第一的品牌，累計至 2018 年底為止熱銷超過 2 億支，讓這個難以啟齒的體臭困擾獲得改善（圖 8-10）。

案例 2：Triple W Japan

「你想包尿布出門嗎？」「你想幫你的家人換尿布嗎？」「你想讓其

他人幫你換尿布嗎？」

　　熟齡人士的如廁問題經常困擾著個人本身、家人與照護者。年紀漸長後，對肌肉的控制程度不如從前，導致漏尿或尿失禁是很常見的問題。初期還不嚴重時，偶然間漏尿弄髒了身體及衣物，會讓人感到十分困窘，害怕被人察覺，因而減少出門社交。一旦漏尿的頻率越來越高，種種問題也應運而生。例如因為擔心尿失禁而頻頻跑廁所，或因為尿失禁又急著跑廁所，一不小心跌倒、骨折等。又比如部分熟齡人士開始使用成人紙尿布，卻一直擔心穿紙尿布後體態臃腫，或尿布會不會滲漏出令人不悅的異味，還是不願意外出，謝絕參加社交活動。

運用智慧小物解決惱人問題

　　Triple W 創辦人中西敦士在美國留學期間有過大便失禁的尷尬經驗，因此開發出全球唯一一款排尿預測設備——Dfree。Dfree 的名稱是從「Diaper free（解放尿布）」而來，以超音波偵測膀胱變化，對智慧裝置發送排泄時機通知。

　　熟齡人士只要在下腹部配戴內建超音波的感測器（約 90 公克），便能透過偵測膀胱大小變化，預測可能需要上廁所的時間，並經由藍芽將相關資訊傳送到智慧手機或平板電腦上的 App，以圖像化方式呈現膀胱脹尿情形，提前 10 分鐘（坐輪椅的人則是提前 30 分鐘）發出上廁所的提醒通知。

　　Dfree 裝置有 B2B（客戶為照護機構）及 B2C（客戶為個人用戶）兩種不同服務模式：機構部分，目前採用 Dfree 裝置的照護機構在日本約有 150 家、全球有 500 家，協助照護人員提醒並幫助受照護的高齡者如廁，進行排尿訓練，減少尿布更換次數，改善因濕尿布悶住所導致的皮膚問題，改善生活品質。個人用戶則是可借助如廁提醒，準時上廁所，

表8-3	Dfree排尿預測設備獲獎實績

年份	獎項
2015年	• 3月獲得NISSAY CAPITAL「2015NCC新創企業大賽」大賞
2016年	• 3月獲得Aging2.0「Global Startup Search IN Japan」最優秀獎 • 10月榮獲日經TRENDY「改變生活新創企業商品2016健康＆食品部門」優秀獎 • 11月獲得Forbes Japan「Next Rising Star Award」
2017年	• 3月獲得經濟產業省「2017日本健康照護產業競賽」最優秀獎 • 11月獲得東京都「世界傳輸競賽」技術特別獎
2018年	• 1月獲得日本經濟新聞社「日經優秀產品、服務賞 日經MJ賞」最優秀賞 • 2月獲得法國AgeingFit 2018「Pitch Innovation Prize」 • 3月獲得法國SilverEco 2018「Ageing Well International Awards」 • 10月獲得美國Medtrade 2018「HME Retail Product Awards」 • 10月獲得中國TechNode「Asia Hardware Battle 2018 Bronze Award」 • 10月獲得經濟產業省「1st Well Aging Society Summit Asia-Japan-Aging部門」最優秀獎
2019年	• 1月獲得美國CES2019「Innovation Awards」、Engadget「Best of CES」、IHS Markit「Innovation Awards」、「iPhone Life's Best of CES 2019」 • 2月獲得獨立行政法人中小企業基礎整備機構「Japan Venture Award 2019中小機構理事長獎」

資料來源：Triple W Japan，MIC 整理，2020 年 2 月

降低心理急迫感，不必害怕尿失禁的問題發生。

　　Dfree 裝置不僅在全球各地新創競賽活動中屢獲獎項肯定（表8-3），並擴大進軍國際市場的腳步，2018 年針對美國的個人客戶，2019 年針對歐洲的法人客戶開始進行銷售，並進軍中國大陸市場。

借鏡與啟發

難以啟齒的次要需求，也能開創大市場

　　秉持著對美感及生活極致的追求，資生堂公司洞察難以啟齒又不易研究的氣味問題，從根本的致臭原因開始著手深入研究，深耕人體生理、材料、生產技術，讓產品的除臭效果更為顯著，幫助人們解決這個惱人的異味問題，無懼地參加社交活動。而 Triple W 公司則是發揮新創公司的創意與優勢，運用穿戴式裝置及手機 App 的可視化數據與圖像，提醒使用者應該要準備如廁。這兩間公司都為與健康、收入等熟齡人士生活中的次要需求，找到了創新的解決方案，開拓市場版圖。

家裡總是亂糟糟——日醫學館的解決策略

　　由於體力下降、生理機能減退，許多熟齡人士難以繼續負擔處理各種家事的辛勞，或是由於伴侶早逝導致年邁獨居後，才發現自己其實不擅家務，生活環境變得髒亂不堪，連社交生活也受到影響。針對上述情況，日醫學館推出了「Nichii Life」服務，由具備資格的工作人員提供照護服務或家事協助。

　　目前「Nichii Life」在日本 47 個都道府縣共有 97 個據點，受到眾多家庭歡迎，並曾於 2016 年榮登日經 DUAL「2016 年家事代理企業排行榜」首位（日經 DUAL 是創立於 2013 年的網頁，目標客群為雙薪家庭的父母親，提供有助於兼顧工作與育兒的技術資訊）。

從服務現場找尋新契機

　　成立於 1973 年的日醫學館（Nichii）公司是以提供醫療事務（例如醫療器材消毒、藥劑物流管理及經營支援等）服務起家，目前主要事業部門包括：醫療、照護、幼保、健康照護、教育、寵物治療，以及中國事業部等單位。截至 2019 年 3 月為止，日醫學館設有約 1,300 個服務據點，營運 400 家養老機構，3.5 萬名員工每月服務 13 萬人。

　　幾經併購後，自 1996 年起開始提供居家照護等照護服務，其後，伴隨著 2000 年 4 月日本「介護保險制度」上路，日醫學館根據其中劃定需要支援、介護的各種身心狀態，發展出不同服務類型，使得照護服務事業迅速擴張。並於 2002 年，日醫學館股票在東京證券交易所上市。

　　然而，在提供上述照護服務的過程中，日醫學館的照護服務員發現熟齡人士日常生活中存有許多需要協助的事務，並非介護保險會給付的範疇，諸如對熟齡人士而言，某些本來已經習慣也做得來的家事逐漸變成負擔，像是置換燈管這類高處作業，需要長時間蹲坐的庭院作業，或是容易滑倒的浴廁清洗等，開始需要有人代勞。此外，日常生活中也有部分狀況需要有人陪同、照料，但現代社會發展下，子女通常不在身邊，沒辦法及時回應熟齡人士的需求。

　　因此於 2004 年開始，由原先就為這群年長者提供照護服務的照護員開始提供介護保險以外的家事代理服務，稱之為「真心服務（まごころサービス）」，由於這些照護服務員原本就與這群長者熟識，長者們可以用付費的方式取得更多的日常生活支援，不用擔心陌生人進到自己的家裡，因此市場反應不錯。

　　然而在 2006 年時，日本介護保險法進行修訂，提高了居家照護服務給付門檻，並降低給付額度。這項改變讓日醫學館體認到，照護服務

事業的發展容易受政府政策影響，導致收益率降低。因此自 2011 年起，日醫學館將前述的家事代理服務等列入所謂的「Balance Supply 事業」（有助於平衡企業收益）之一環，加強推動。到 2014 年時，有鑑於家事代理服務營業收入持續成長，日醫學館宣布將以「健康照護事業」定位獨立推動，進一步開發、強化服務內容，同時改名為當前的名稱「Nichii Life」。

目前「Nichii Life」所屬的「健康照護（Health Care）」事業為日醫學館第 5 大事業群，營收占比為 1.1%，延伸「照護」服務觸角，除了為熟齡人士分攤家事辛勞，協助打理獨居生活外，並將服務對象擴大至職業婦女等，希望讓所有家庭成員都能生活地安心愉快（圖 8-11）。

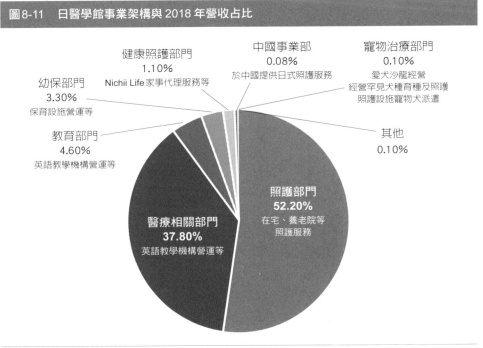

圖8-11　日醫學館事業架構與 2018 年營收占比

健康照護部門
1.10%
Nichii Life 家事代理服務等

中國事業部
0.08%
於中國提供日式照護服務

寵物治療部門
0.10%
愛犬沙龍經營
經營罕見犬種育種及照護
照護設施寵物犬派遣

幼保部門
3.30%
保育設施營運等

教育部門
4.60%
英語教學機構營運等

其他
0.10%

照護部門
52.20%
在宅、養老院等
照護服務

醫療相關部門
37.80%
英語教學機構營運等

資料來源：日醫學館，MIC 整理，2020 年 2 月

親切體貼、嚴謹、彈性

有別於市場上一般的「家政婦服務」及「居家打掃服務」,「Nichii Life」服務除了清理打掃之外,還提供居家收納、長期不在家清掃服務、高齡者日常生活協助、熟齡居家協助、住院出院協助等,更全面性滿足消費者需求。

日醫學館將本身照護業務中一直為人所樂道的「親切體貼」轉化為具體的生活服務,嘗試透過提供相關服務,使包含年長者在內的「家中所有成員都能享受安心、舒適的生活」。換言之,「Nichii Life」的服務是希望不是家人的照護員卻能像家人一樣體貼,代替家人滿足熟齡人士生活中需要協助的各種需求。從初期的照護人力延伸利用,到家事代理服務作為健康照護事業獨立運作,「Nichii Life」服務的出現因應了介護保險制度無法涵蓋的需求領域。

「Nichii Life」的服務申請方式包含上網或以電話預約申請,收到申請後,各據點的服務人員會到府訪視,協助盤點服務需求並推薦適切的服務方案。正式簽約後,則會根據約定的服務日期開始提供服務。服務結束後,服務人員還會對顧客提交報告書。此外為保障消費者的權益,「Nichii Life」也加入了損害賠償保險,應付清掃中不小心造成的物品毀損等緊急情況。

提供全方位的生活支援

目前「Nichii Life」提供 9 大類家事服務中,服務名稱開宗明義提及熟齡人士的僅有熟齡人士居家協助及熟齡人士關懷服務 2 項,其中關懷服務係由具照護背景的專業人員協助更衣、陪同就醫及出席婚喪喜慶

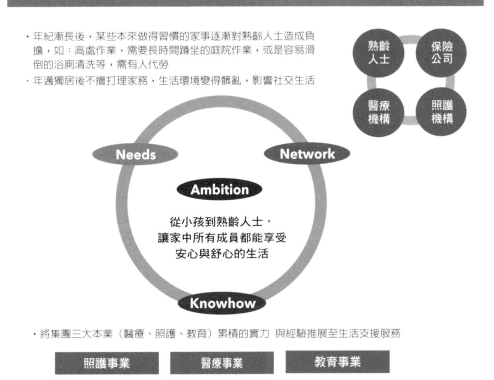

圖8-12 Nichii Life 服務開發綜合分析

· 年紀漸長後，某些本來做得習慣的家事逐漸對熟齡人士造成負擔，如：高處作業，需要長時間蹲坐的庭院作業，或是容易滑倒的浴廁清洗等，需有人代勞
· 年邁獨居後不擅打理家務，生活環境變得髒亂，影響社交生活

熟齡人士　保險公司
醫療機構　照護機構

Needs　　Network

Ambition

從小孩到熟齡人士，
讓家中所有成員都能享受
安心與舒心的生活

Knowhow

· 將集團三大本業（醫療、照護、教育）累積的實力 與經驗推展至生活支援服務

照護事業　　醫療事業　　教育事業

資料來源：Nichii 集團，MIC 整理，2020 年 2 月

場合等，旅行時的入浴、大小便協助及失智症病患守護也包含在服務範圍內。而居家打掃、家事協助、收納服務、長期不在家服務、住院出院照顧等服務項目名稱中雖然沒有熟齡 2 字，但服務對象其實也涵蓋熟齡人士（圖 8-13）。

　　以居家打掃、家事協助為例，舉凡料理、家電清理、洗衣服及採買日常用品、玄關打掃、庭院澆水、曬棉被等都包含在服務範圍內，能為體力日漸衰退的老人家分憂解勞。此外，收納雖然沒什麼危險性，但其實挺費體力，例如搬家、衣服換季時，也會有熟齡人士申請「Nichii

圖8-13　Nichii Life 家事服務項目

Nichii Life

【居家打掃】
市場上最常見的居家打掃服務

【家事協助】
洗衣、買東西、燙衣、料理、照顧庭園等

【收納服務】
櫥櫃、書架、鞋櫃、廚房、搬家等收納

【長期不在家服務】
室內通風換水、打掃、擦窗戶、收信件等

【照顧小孩】
上下學接送、下課後照顧、料理、生病照顧等

【懷孕生產協助】
打掃、料理、買東西、授乳協助等

【住院出院照顧服務】
住院時的洗衣打掃、買東西、陪同照護等

【熟齡人士居家協助】
高處作業、浴室清潔、洗衣、買東西等

【熟齡人士關懷服務】
說話對象、協助更衣、特殊照護料理、陪同出行等

資料來源：Nichii 集團，MIC 整理，2020 年 2 月

Life」相關服務。

　　長期不在家服務部分，例如獨居熟齡人士因健康狀態不佳，需要住院一段時間，或是到外地旅遊而長時間不在家時，「Nichii Life」可提供如室內通風、打掃、擦窗戶、檢查漏水破損處回報、收郵件，庭院照料、屋外狀態確認及回報等服務，使住院或遠行的顧客可以確認住家狀況，安心養病或遠行。此外住院及返家療養期間，「Nichii Life」並提供代為清洗衣物、採買用品、起居照顧等服務。

　　此外，「Nichii Life」還針對獲認定為需要照護或支援的熟齡人士提供名為「年長者短時間方案」的服務方案，能以一次 30 分鐘一位服務員為單位，以低廉價位接受上述相關服務（定期方案每次費用 2,860 日圓（約新台幣 800 元），短時間方案則只需 2,200 日圓（約新台幣 616 元），提供熟齡人士更多元、更靈活的生活支援服務方案。

借鏡與啟發

把握政策機遇，延伸主業觸角

　　儘管沒有說出口，熟齡人士在日常生活中抱怨、擔心、害怕卻是真實存在。在面臨照護制度革新為自身事業帶來衝擊的同時，重新聆聽受照護者需求，發掘新事業發展契機。日醫學館利用既有照護人力延伸服務觸角，成功突破熟齡人士抗拒陌生人進入家中代理家務的心防，並在服務提供過程中逐步開發嶄新服務內容。同時也理解熟齡人士對於生活支援服務需求的差異極大，透過短時間、彈性、廉價的「年長者短時間方案」，成功吸引新熟齡客群嘗試，挖掘出潛在的定期使用需求。日醫學館為不擅長家務、體力不佳無力打掃、突然急症需要去住院、生病或受傷時需要短暫照顧，害怕單獨出門的熟齡人士，提供各式生活支援服務。

電子書
免費下載

觀察CES 2020智慧健康
裝置發展重點

09
怕無能為力

　　再厲害、再能幹的人，也有老的一天。當熟齡人士開始覺得力不從心的時候，許多過去習以為常的事情，慢慢變得吃力，老後獨居的生活讓求助無門的無力感更顯沉重，無論是居家清掃、出遠門旅遊、購物、進餐，乃至照顧跟自己一樣年老的高齡寵物，都成了需要依賴他人或麻煩他人的事情，這種種的無能為力，也是商機開發的極佳選項。

電器好重、好難用——Panasonic 的解決策略

　　洗衣機、冰箱、電子鍋等「白色家電」是所謂的「家務家電」，可以為人們代勞家事，也是第二次世界大戰後日本社會經濟起飛的象徵，更是當年許多年輕家庭主婦的夢想。隨著時光流逝，花樣新嫁娘已屆花甲之年，體力不如以往，就連駕輕就熟的家事也覺得越來越吃力，總免不了要抱怨幾句。Panasonic（松下）公司為滿足熟齡人士的使用需求，開發出「J Concept」系列商品，掀起熟齡家電市場新風潮。

老公司、新衝擊、大虧損

　　2018 年，松下公司風光歡慶創立 100 週年。這家老牌日本家電公

司也是最大的電機製造商，生產冰箱、微波爐、DVD 放影機、攝影機、數位相機、液晶電視、電子電機、半導體等產品。伴隨著戰後經濟復甦，松下公司搭上白色家電市場蓬勃發展的列車，奠定了家電王國的地位。

然而回首松下公司的發展史，一路走來也並非都是坦途。2008 年全球金融危機爆發，為全球經濟景氣投下了一顆震撼彈。景氣尚未恢復，2011 年 3 月、7 月又接連發生 311 東日本大地震、泰國南部洪災，重創產業供應鏈。2012 年，歐債危機爆發，再次衝擊國際經濟復甦腳步，導致國際市場需求緊縮。

國際經濟環境丕變，日本國內市場消費低迷，再加上日本新首相安倍晉三上任（2012 年 12 月）後採取擴張性貨幣政策，導致日圓升值，不利出口產業發展，更是雪上加霜。安倍政權推動下，日本在 2014 年第 3 次調漲消費稅率，由 5% 提高到 8%。日本先前也曾兩度（1989 年 0% 提高到 3%、1997 年 3% 提高到 5%）調高消費稅，人們對於調高消費稅後消費不振的景象記憶猶新，受到預期心理影響，消費意願更是降到冰點，日本內需市場疲弱不振。

上述種種因素影響下，當時松下公司出品的液晶電視 Viera 銷售不如預期，創下公司有史以來最大虧損紀錄（約 7720 億日圓，相當於新台幣 2161 億元）。此外，韓國、台灣、中國家電業者製造與品質水準提升，平價商品紛紛出籠，品牌形象亦逐漸獲得市場認同；眾多競爭對手夾擊下，松下公司經營狀態面臨著前所未見的危機，業績連年下跌（下頁圖 9-1）。

掌握「問」不出來的需求

為挽回頹勢，松下公司在內、外開發團隊通力合作下，於 2014 年

圖9-1 松下公司近年營業利潤與當期純利益

備註：2008～2015 年之數據依美國會計準則進行編列，2016 年之數據是以 IFRS 會計準則進行編列
資料來源：Panasonic 2017 年 3 月年報，MIC 整理，2020 年 2 月

秋季推出首批「J Concept」系列商品，定位為針對中、高齡使用者需求設計的高價位家電系列商品。J Concept 系列商品甫上市便獲得市場熱烈迴響，第一波 3 款商品（吸塵器、冰箱、空調）銷售金額較原先預估高出 10%。原本設定的 2017 年銷售目標──500 億日圓（約新台幣140 億元），也提前在 2016 年達成；其中吸塵器熱銷 15 萬台，更是超乎預期，為原先預估數目的 3 倍。在滿足熟齡人士需求的同時，J Concept 系列商品也挽救了公司，保住員工的飯碗。

松下公司以全新模式研發「J Concept」系列商品，不僅以現任松下公司副社長的高見和德（時為松下家電公司負責人）為首，集合公司內部的設計部、業務部、技術部、行銷部、GMPC（Global Marketing Planning Center）成員，成立嶄新專案研發團隊，還邀請外部成員（包含兩位退休高階主管，8 位雜誌編輯），共同參與產品開發（圖 9-2）。

其中，兩位退休高階主管的參與發揮了很重要的作用。由於技術研發人員都很年輕，對於熟齡人士的需求與身心變化不是很熟悉，兩位退

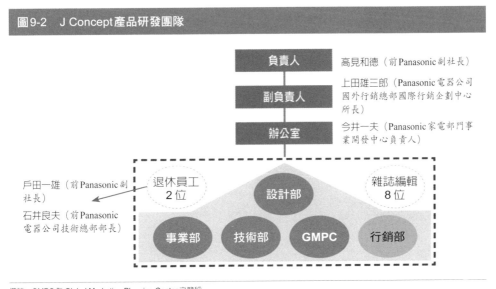

図9-2　J Concept產品研發團隊

負責人　高見和德（前 Panasonic 副社長）

副負責人　上田雄三郎（Panasonic 電器公司國外行銷總部國際行銷企劃中心所長）

辦公室　今井一夫（Panasonic 家電部門事業開發中心負責人）

戶田一雄（前 Panasonic 副社長）
石井良夫（前 Panasonic 電器公司技術總部部長）

退休員工 2 位　設計部　雜誌編輯 8 位

事業部　技術部　GMPC　行銷部

備註：GMPC 為 Global Marketing Planning Center 之簡稱
資料來源：Panasonic，パナソニックの「脱プロダクトアウト」に向けた共創型プロジェクト：J コンセプトの事例研究，MIC 整理，2020 年 2 月

休主管的年齡則與目標族群相仿，能設身處地思考。此外兩位主管也了解公司的產品開發理念、堅持及高品質產製標準，具備高度組織認同與服務熱誠，並希望透過參與研發以提攜後進、再次對公司有所貢獻。

　　雜誌編輯則能從外部觀點出發，協助松下公司跳脫從製造商觀點出發的行銷策略規劃框架，客觀研議產品所欲傳達的價值、廣告表現與行銷策略，共商顧客層需求、產品特性、市場導入策略等環節。同時，為避免研發團隊過度重視技術突破而忘卻人本需求，公司內部的行銷部門於產品開發早期階段就開始參與，協助確立產品訴求與共識。

　　在正式進入產品設計、開發階段前，研發團隊以質化、量化、現場觀察等方式進行 3 萬人的研究調查，掌握使用者的價值觀、消費意識、生活空間、飲食習慣及各種不便與困難點，並以 Persona 分析（角色說明分析）方式凝聚研發共識。團隊描繪出的使用者形象是：「2 位 50 ～ 69 歲的長者同住，兩人曾經歷日本經濟急速成長、國際化、IT 化、白

色家電上市，品質要求高，重視美感、高級感、設計，極致的基本功、簡單、易用，同時不希望使用該產品時被貼上『老年人』標籤」。同時，研發團隊也針對產品雛形進行實測，透過現場觀察、深訪及問卷調查，找出雛形應調整處，讓商品設計更臻完美。

歷經上述嚴謹研發過程後，團隊漸漸發現：「設計者以為的消費者需求」往往不等於「消費者的實際需求」，真正想了解需求不能只從「問」來了解，而是要找出「困擾、壓力、共鳴」之所在，秉持以人為本的精神，做出易用、易懂、易看的商品。

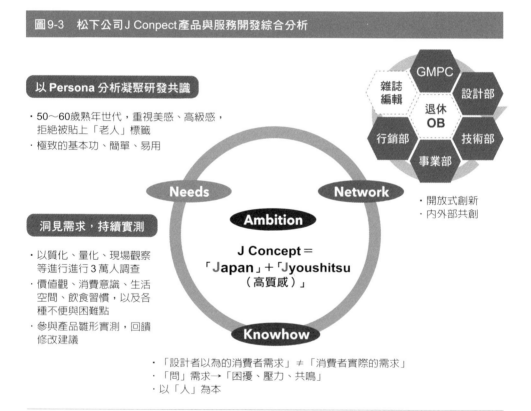

圖9-3　松下公司 J Conpect 產品與服務開發綜合分析

以 Persona 分析凝聚研發共識
・50～60歲熟年世代，重視美感、高級感，拒絕被貼上「老人」標籤
・極致的基本功、簡單、易用

洞見需求，持續實測
・以質化、量化、現場觀察等進行進行 3 萬人調查
・價值觀、消費意識、生活空間、飲食習慣，以及各種不便與困難點
・參與產品雛形實測，回饋修改建議

Needs　Network

Ambition

J Concept ＝
「Japan」＋「Jyoushitsu（高質感）」

Knowhow

GMPC
雜誌編輯　設計部
退休 OB
行銷部　技術部
事業部

・開放式創新
・內外部共創

・「設計者以為的消費者需求」≠「消費者實際的需求」
・「問」需求→「困擾、壓力、共鳴」
・以「人」為本

資料來源：Panasonic，パナソニックの「脱プロダクトアウト」に向けた共創型プロジェクト：Jコンセプトの事例研究，MIC 整理，2020 年 2 月

不貼「老年人」標籤，設計體貼、高質感商品

　　J Concept 的「J」有「Japan」的 J 及「Jyoushitsu（高質感）」的 J 二層意涵，意即要開發出具日本特色的高質感商品。果然 J Concept 系列商品名符其實，2014 年、2015 年、2017 年均推出新商品，不僅市場反應良好，也榮獲國內、外下列眾多獎項：2015 年，「J concept」系列商品榮獲國際通用設計協會（International Assoctation for Universal Design , IAUD）金獎、第 34 屆「日經優秀製品、服務獎」最優秀賞，「J concept 系列產品：家用紙集塵袋吸塵器」榮獲第 2 屆「Wonder 賞」Cross-Value Innovation 賞。2017 年，「J concept 系列產品：家用紙集塵袋吸塵器」榮獲 國際通用設計協會（IAUD）銀獎，「J concept 系列產品：微波爐」則榮獲日本 Good Design 獎。

2014 年 J Concept 系列商品

　　細究 J Concept 系列產品，便可發現其體貼入微。例如極致輕量化的吸塵器強調重量輕，減輕使用時上、下樓搬動負擔，並加大底部車輪，便於跨越房間之間的高低階差距，吸入口前還加裝 LED 燈照明，使熟齡人士容易注意到垃圾。冰箱則考量熟齡人士平均身高及手臂取物的肌力與方便性，重新調整冰箱隔間高度與利用性。冷氣空調設備部分，有鑑於熟齡人士經常抱怨暖氣不易抵達腳邊，因此採用大型氣流調整葉片，將暖氣確實送往腳邊，給熟齡人士一個舒適的生活空間（下頁圖 9-4）。

2015 年 J Concept 系列商品

　　繼上述吸塵器、冰箱、空調設備大受好評後，2015 年緊接著推出

圖9-4 2014年J Concept系列商品

吸塵器

產品訴求
- 同步減輕打掃時之體力及心理負擔
- 解決傳統吸塵器過重及無法靈活移動問題,並容易發現垃圾所在

使用流程
- 採用尖端材料PPFRP,成功實現輕量化
- 提把移至機身前方,取放、易用更為方便;手把採用彈性體材料,不易滑動,感覺操作更為輕鬆
- 考量日本住宅多高低差距特性,採用大車輪並加工防滑
- 吸入口裝有LED燈,容易看見垃圾

冰箱

產品訴求
- 兼顧使用方便性及外觀設計性
- 使用者不僅能輕鬆使用,並能從中感受到樂趣與質感

使用流程
- 調高使用頻率最高之蔬果室位置,取放更為輕鬆
- 改採4門設計,有助於配合使用方式推動內部配置最佳化
- 加大冰溫室,延長食材保鮮時間,提升品嘗新鮮食材之樂趣
- 外觀及內部細節設計(冷藏室底部之花紋設計營造出光影變化等)

空調

產品訴求
- 追求性能與規格間的極致平衡
- 以獨特設計解決暖氣不易抵達腳邊問題,並同時兼顧機體不占空間等傳統機型長處

使用流程
- 大型氣流調整葉片外露,將暖氣確實送往腳邊
- 與居住空間融為一體之機身設計(盡可能採用弧線,減低機身厚度及使用金屬邊框)
- 採用獨家奈米水離子(Nanoe)技術,以氫氧自由基吸取細菌之氫成分,徹底除菌

資料來源:Panasonic,MIC整理,2020年2月

電子鍋、洗衣機、微波爐。首先,研發人員發現市面上的洗衣機洗衣槽太高,對身高開始縮水、駝背的熟齡人士而言,洗衣服這件家事變得越來越辛苦,甚至有人在彎下身子撈衣服時,因為罹患白內障開刀安裝的人工水晶體掉出眼睛,導致需要再度開刀。松下公司配合熟齡人士的身形與視力重新設計洗衣機,將洗衣槽降低、加寬,並放大操作面板空間與字體。相對地,微波爐與電子鍋則是強調小尺寸、高機能、操作簡便、加大面板與字體,並以高質感外觀吸引熟齡人士購買(圖9-5)。

2017年J Concept系列商品

2017年,又有兩款J Concept系列商品上市,分別是吸頂燈與電動

図9-5　2015 年 J Concept 系列商品

電子鍋

產品訴求
- 正因為每天都要煮飯，徹底追求使用方便性及米飯的美味、口感
- 使用者不再因繁複的按鍵困惑，並可因應稻米種類、烹調法選擇適合炊飯方式

使用流程
- 按鍵數減少，液晶顯示畫面及字體加大
- 使米粒在鍋中對流，起鍋前並瞬間加壓、加大火力，追求米飯的極致美味
- 配合個人喜愛稻米種類、烹調法之按鍵、設定選項（例如什錦飯、栗子飯等）

洗衣機

產品訴求
- 因應使用者使用方式與身高的貼心設計
- 減輕取放時之腰部負擔，使洗衣、曬衣更輕鬆；細部設計減少污垢堆積，滿足高齡者愛乾淨習性

使用流程
- 因應主要使用者之高齡女性平均身高（152 公分），調整機身前方高度及洗衣槽深度
- 操作面板及顯示字體加大，使設定更為簡便
- 脫水後讓洗衣槽轉盤多次微幅轉動，避免衣物緊貼槽壁，方便取出

微波爐

產品訴求
- 使微波爐融入使用者生活，並協助使用者進一步體驗用餐樂趣
- 使高齡者不再因繁複功能而卻步，並配合廚房空間，兼顧不占空間及配備必要功能

使用流程
- 顯示 6 大常用功能，以文字顏色區分使用選單種類。使用者並可根據本身使用方式，進一步將功能按鍵縮減為 3 處。
- 按鍵處以LED燈閃爍提示按下時機，提升使用方便性。
- 關起時避免突然碰撞，採用緩緩關起機制

資料來源：Panasonic，MIC 整理，2020 年 2 月

自行車。首先吸頂燈部分，隨著年齡增長，高齡者的水晶體會變得較為黃濁，目光所見顏色偏黃。J Concept 的吸頂燈利用不同波長調控，調節色彩平衡，提高可見度，讓熟齡人士的視野更加清晰明亮。

其次，熟齡人士外出時經常以電動自行車代步，但過去的電動自行車車身過重、加速過快、操控性不佳。因此 J Concept 系列的電動自行車追求輕量化、小型化，更符合熟齡人士的身高與體力狀態，並且提供「緩步啟動」設計，提升安全性，讓熟齡人士可以輕鬆又安全地出門（下頁圖 9-6）。

圖9-6 2017年 J Concept 系列商品

吸頂燈

產品訴求

- 讓中高齡者眼中的世界也可以是色彩斑斕絢麗的
- 解決中高齡者隨著年齡的增長，目光所見的顏色會偏黃的問題

使用流程

- 採用抑制黃色與藍色波長的控制，調節色彩平衡，提高可見度
- 大面板文字的無線遙控器，方便使用者調控不同照明亮度
- 設有「鮮豔模式」將亮度提高1.3倍
- 燈罩有雲形的紋路與金屬框架構成，會在「Shinonome模式」下照射出雲形紋路

電動自行車

產品訴求

- 針對中高齡使用者所開發的電動自行車
- 解決中高齡者認為車體過重、速度快、操控性不佳等問題，提升安全性

使用流程

- 以熟悉90年代流行之越野車世代為對象，因此推出電動越野車，但不追求車速，沒有變速器
- 輕量化、小型化設計，沒有行李架，採鋁合金材質與輕量化電池，減重10公斤，總長度縮短30cm，讓轉彎幅度縮小，提升操控性
- 採用起步時能穩定輔助之「緩步起動」設計，讓即使是電動自行車初學者也能輕鬆使用
- 透過電子裝置控制變速，搭載2段變速的電子調控變速裝置，可對應20%以上的陡坡爬坡需求

資料來源：Panasonic，MIC整理，2020年2月

借鏡與啟發

懂得沒說出口的需求

J Concept 系列商品的開發歷經了冗長、繁瑣的過程，從最初的3萬人大調查中洞見需求，探索使用者未說出口的困擾與擔心。遇到問不出來的需求，得從生活現場去觀察、體驗與推敲，並且在每個研發階段邀請使用者試用，觀察使用狀況，聆聽意見回饋，據以持續優化產品。松下公司堅持「不是只從『問』來了解消費者需求，而是要找出『困擾、壓力、共鳴』之所在」此一精神與作法，值得各界借鏡與學習。

想旅行，又怕體力不足——Club Tourism 的解決策略

退休後和三五好友一起出遊是人生一大樂事，參加旅行團結識新朋友又是另一番新風景。有些熟齡人士雖然很想參加旅行團四處遊歷，卻總是擔心自己會體力不濟，跟不上領隊的步伐，造成其他團員的負擔，看著琳琅滿目的旅遊資訊，左思右想卻無法作出決定。實際上，不只是熟齡人士自己對出遊沒有信心，有些旅遊業者也存在「高齡歧視」，部分行程不接受高齡者報名參加，或要求需有家屬陪同。

Club Tourism 雖未明言自己是專營「熟齡客群」的旅行社，但在營運方針及經營策略上，卻顯現出高度迎合熟齡客群的傾向。Club Tourism2018 年經手顧客高達 776 萬人次，採「產消合一（Prosumer）」型態，讓熟齡顧客參與旅遊行程規劃、推廣及服務等各階段，不僅成功成為熟齡人士的好朋友，也為公司開創了龐大商機。

4 大方法緊抓熟齡顧客的心

在 Club Tourism 26 年的發展歷程中，運用了四類不同方法捉住熟齡顧客的心，讓熟齡顧客想要出門旅行，就想到 Club Tourism。日本人口高齡化發展下，戰後嬰兒潮世代退休，Club Tourism 看到這群最有時間及經濟餘裕的客群將迅速增加，並需要有志同道合的朋友。因此 Club Tourism 在企業方針中明確指出：「協助顧客追求自我實現，形成同好人際網路，並開創活力十足的熟齡文化」，並以 5 個小人手拉手的圖案作為企業標誌，象徵著旅遊的觸角遍及全球五大洲，以及「邂逅」、「感動」、「學習」、「健康」及「療癒」的旅遊 5 大要素。此外，Club

Tourism 緊扣著企業方針主旨，發展出 4 類不同的方法，抓緊熟齡顧客的心。

1. 廣泛旅遊主題規劃

不同於傳統旅行社只為顧客安排行，Club Tourism 成立了許多不同主題的社團，像是賞花、攝影、美食、歷史、溫泉、馬拉松等，並由員工協助社團營運，與熟齡人士互動，了解他們的喜好及需求，進而提供主題明確的「社團型」行程，吸引有共同喜好的熟齡人士參加。

由於有共通的嗜好，許多人旅程結束後仍保持聯繫，甚至相約下次一起旅行，促成顧客黏著度增加。Club Tourism 的員工也在協助社團營運過程中，強化與熟齡顧客的關係，挖掘出更多行程主題需求，成為新事業發展的契機。2008 年，Club Tourism 提出「社團 1000 構想」，希望進一步促成不同主題的社團誕生，並帶動相關旅遊行程應運而生。

同時，藉由與熟齡網路社群（趣味人）、電信公司（NTT docomo）等業者異業合作，共享經營熟齡社群的經驗與 knowhow，串聯會員資料庫，推動旅遊行銷，提供更多優惠給彼此的會員，共創雙贏。

2. 旅行前後多元服務

除了《旅行之友》雜誌外，Club Tourism 會不定期舉辦旅行說明會，推廣與解說行程，為（潛在）顧客解答各種疑難雜症，排解其對行程安排的不安之處，提供行李必需品整理，換匯建議等。並安排課程、講座，針對主題行程的主題，提供相關背景知識，如：紅酒介紹、音樂家及其故鄉介紹、啤酒之旅等。在行程結束後，也會在咖啡廳舉辦團員交流分享活動，以及線上攝影展等活動，帶著團員們一起細細回味旅行中的點點滴滴。

3. 消除生理不安因素

　　熟齡人士個體差異極大，有人70歲依然健步如飛，有人則需要他人攙扶，不過一旦要出門旅行，或多或少都會出現需要協助之處。為擴大對上述族群服務，Club Tourism在2015年成立專職部門 —— Universal Design旅行中心，考量輪椅、照護等高齡人士需求設計行程。例如安排有升降設備的遊覽車，為走路速度較慢的長者設計「悠閒行程」，或是在抵達休息站前發送成人尿布，提供旅伴協助搬運行李，幫助處理生活事務（互助旅遊模式）等。有些行程為了避免熟齡人士在混亂人群中受傷，甚至安排慶典舞者在室內表演祭典舞蹈，讓行動不便、部分生活需要協助的熟齡人士也能一起享受旅行樂趣，走出家門並留下美好回憶。

　　上述努力受到肯定，2016年，Club Tourism以「全球首創！視障人士美夢成真汽車駕駛體驗行程」榮獲「第2屆Japan Tourism Awards」優秀獎。2018年，Club Tourism的「Travel Supporter」制度也榮獲第4屆Japan Tourism Award的「UNWTO倫理特別獎」，表揚該公司領先業界嘗試從本身顧客中招募旅遊照護義工此一創舉。

4. 讓顧客主動參與

　　Club Tourism認為，同年齡層的人最了解本身所屬族群的需求。因此雖然沒有刻意強調Club Tourism是一家熟齡旅行社，但行程設計、經營手法、氛圍營造都深深吸引了50歲以上（占7成以上）客群。並藉由「Echo Staff」、「Fellow Friendly Staff」、「Youkoso（ようこそ，歡迎）staff」及「Travel Supporter」等4大類顧客參與機制，讓顧客變成旅程規劃的參與者、旅程推銷者及旅程協助者（表9-1）。

（1）Echo Staff

Club Tourism 發行名為《旅行之友》的免費雜誌，每月印發 300 萬冊，由 7,000 名 Echo Staff 以徒步或騎自行車的方式送往會員家。在遞送過程中，Echo Staff 會與收件人攀談，分享自己的旅遊經驗及趣事，推薦行程，成功拉近旅行社與潛在顧客之間的距離。

（2）Fellow Friendly Staff

Fellow Friendly Staff 原本也是 Club Tourism 的顧客，在受過專業導遊訓練後，可以在旅程中擔任導遊，為團員解說觀光景點歷史、文化及奇聞軼事。因為與顧客年齡相仿，且有豐富的相關知識，更能引起共鳴。

（3）Youkoso（ようこそ，歡迎）Staff

Youkoso Staff 主要由會中、英文等外語的熟齡會員組成，為參加「YOKOSO Japan Tour」行程的外籍團員翻譯導遊說明內容。

（4）Travel Supporter

除了讓顧客變員工外，顧客也可以成為其他顧客出遊的協助者，只要有取得專業福祉照護資格的人，經由 Club Tourism 的媒合，便可在旅遊的過程中協助照顧一名團員，並享有旅費上的折扣。

只有熟齡最懂熟齡

創業初期，Club Tourism 看好戰後嬰兒潮世代退休後經濟與時間上的餘裕，是一個深具潛力的市場，採用直效行銷（Direct Marketing）方式，透過刊物及傳單來接觸顧客，雙邊互動不若現在深廣。

Club Tourism 在這段期間探尋熟齡顧客需求與消費心理，發現熟齡人士的消費決策經常依賴「口碑」，對於自己認為不錯的東西，很樂意

表9-1　顧客參與機制的類型

		招募條件	參與內容
名稱	Echo Staff	• 《旅行之友》會員 • 35～68歲身體健康 • 喜歡交朋友，活潑	• 自家周邊約1～2平方公里範圍內配送刊物 • 配送數目平均100～300本（隨地區而異） • 僅限徒步或騎自行車配送（不可騎摩托車或開車等）
起始年	1993		
目前人數	7,000人		
薪資/收費	每月配送1～2次，配送津貼約4,000～20,000日圓（約1,120～5,600元新台幣，隨地區而異）		
名稱	Fellow Friendly Staff	• 40～65歲身心健康，適合待客，活潑且服務精神旺盛 • 比起自己享受旅遊樂趣，更熱衷於「如何讓一同旅遊的夥伴感受旅程樂趣」，熟悉旅行團氣氛 • 主要支援週六日、例假日等旺季行程（12月～3月前半為旅遊淡季沒有跟團需求） • 需參與行前會議、結算費用，旅程前後平日也能進公司者	• 擔任旅程導遊（與顧客年齡相仿且相關知識豐富，負責講解更能引起共鳴） • 參與當天來回、過夜行程，以及列車、飛機、船舶的行程均有可能 • 主題行程跟團，如：登山、健行及各社團行程等 • 輔助業務類的活動及各類講座中擔任講師等
起始年	1996		
目前人數	700人		
薪資/收費	每次跟團可獲得2,000～10,000日圓（約560～2,800元新台幣）不等的津貼		
名稱	Youkoso（ようこそ，歡迎）staff	• 會說中、英文等外語 • 喜歡與外籍人士交流，熱心服務	• 參加「YOKOSO Japan Tour」行程，為外籍參加者翻譯、導遊的說明（原則上為集合時間、地點及其他行程相關重要事項）
起始年	–		
目前人數	400人		
薪資/收費	• 沒有津貼 • 陪同行程旅費及自家至行程出發地點交通費由公司負擔 • 本身參加Club Tourinsm行程可享折扣		
名稱	Travel Supporter	• 完成初次擔任介護職員講習（舊Home helper 2級），持有福祉、看護資格者 • 能參加Travel supporter說明會，並以電子郵件聯絡者（PC、手機等） • 68歲以下身心健康，活潑且對體力有自信	• 1對1同行輔助 • 無障礙行程中所有旅客之輔助 • 其他旅遊相關輔助
起始年	1998		
目前人數	300人		
薪資/收費	視輔助內容而異（0日圓～負擔40%旅費），但也有會支付津貼的輔助型態		

資料來源：Club Tourism，MIC整理，2020年2月

推薦給其他人，「重視口碑」與「樂於推薦」傾向都遠高於其他年齡層族群。

洞見熟齡顧客習性後，Club Tourism 開始建立會員制度，將攬客方法由開發新客戶為主的「量販型」，轉換為「社群型」手法，讓新客變熟客。所謂「量販型」指的是透過宣傳刊物及網路等，廣泛對一般大眾促銷旅遊商品，主要用於開發新顧客。而「社群型」則是設定主題，吸引有相同喜好者參加（增強認同感），培養熟客群。一起參與特定主題行程的旅伴，讓熟齡人士感覺有如年輕時參加社團一般，重溫團體行動的樂趣。此外行程設計不追求一蹴可及，而是不同階段循序漸進、多次到訪，激發顧客想繼續挑戰，達成目標的意願，增加顧客的黏著度。

另一方面，Club Tourism 會要求新進員工擔任導遊，一年至少 60 天以上，並在旅程中傾聽顧客的需求，作為新行程規劃時的參考。旅遊業淡旺季落差大，日本旅遊業者普遍不想確保太多正職員工提供導遊服務，而是以利用外部派遣導遊的方式來因應。一旦外部派遣導遊多，公司正職員工就不用去帶自己設計的行程，可能導致行程設計無法滿足顧客需求，品質低落。熟練的導遊會注意到顧客傳遞的訊息，提早解決問題，服務滿意度也較高。如果有對 Club Tourism 行程熟悉又懂熟齡客群的人來擔任導遊，更是再好不過了。

基於以上考量，Club Tourism 開始發展顧客參與制度，活用顧客最懂顧客的理念，招募熟客當推銷員，幫忙推廣旅程，擔任導遊、口譯員等工作。

同時也與公益團體及醫療服務機構合作，協助殘障及生活需要協助的熟齡人士一起出門旅遊，一方面作為公司 CSR 的展現，另一方面也從中累積照料經驗及 knowhow，讓無障礙行程規劃及配套服務更為完善，讓需要協助的熟齡人士能滿足出遊渴望。或是針對地方產業振興與

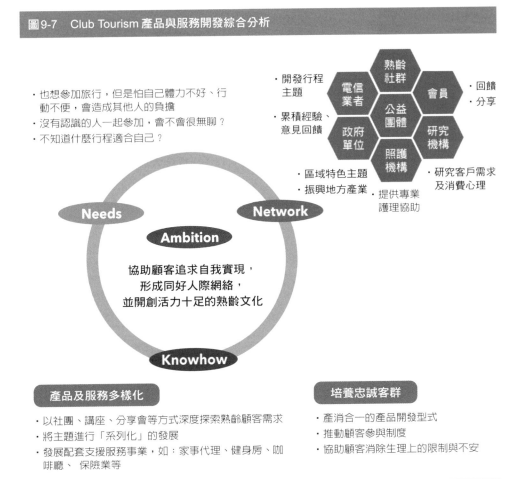

圖9-7　Club Tourism 產品與服務開發綜合分析

資料來源：Club Tourism，MIC 整理，2020 年 2 月

各地方政府合作，規劃主題式的行程，像介紹林業運作模式的體驗行程，以震災紀念為題的地區復興行程、紀念相聲大師，造訪其故鄉的觀光行程等。

傾聽，發現更多契機

除了旅遊服務之外，Club Tourism 從熟齡顧客交流過程中，洞見了更多的需求及服務缺口，因此延伸事業板塊，推出咖啡廳、健身房、家事清掃、保險等服務（圖 9-8），讓熟齡人士能有更多的機會走出住家與他人互動，無論是參加生活講座規劃自己的投資理財或財產，或是到 Club Tourism café 的咖啡廳參加社團活動，聆聽旅遊經驗分享，或是參加旅遊文化大學講座，學習即將造訪之處的人文、藝術、飲食習慣等旅遊相關知識。

圖 9-8　Club Tourism 事業板塊延伸

Club Tourism

照護服務
· 2004 年開設照護設施「真心俱樂部（まごころ俱楽部）」
· 提供日照（供餐、入浴、預防性健身、口腔清潔、量測）等服務，並舉辦旅遊等活動

家政服務
· 2015 年 6 月起提供
· 主要對熟齡人士提供家事代理、清掃、日常生活輔助等各種服務

咖啡廳
· 2004 年 7 月開設 1 號店
· 提供實體交流場所，加速培育熟客，並協助建構品牌

廣告媒體
· 接受廠商於一年發行 4 次之旅遊雜誌《Club Tourism Style》上刊登廣告

生活講座
· 針對熟齡人士可能感興趣的繼承、理財、老年生活及健康、保險等主題舉辦各類生活講座

文化教育
· 成立名為「旅遊文化大學」專門講座活動
· 舉辦包含行前外語、背景知識學習之各類旅遊相關講座

健身房
· 2015 年 7 月開設 1 號店
· 以「成人交流據點」為理念，內含健身房、沙龍及咖啡店。除了在此運動外，還能利用空間交流或舉辦活動

臨終安排
· 2017 年 12 月起提供
· 提供人生最後一段路之綜合服務，包括媒合專門業者，自傳製作，並舉辦相關講座，及當天來回觀光行程

資料來源：Club Tourism，MIC 整理，2020 年 2 月

　　為了要有好的體力參加旅遊行程，事前鍛鍊自己體魄是重要的，Clob Tourism 也提供緊鄰公車站牌交通便利的健身房，讓枯燥無趣的運動也能因為對旅遊有所期盼而讓人樂在其中。又或是自己打理自己的生活開始出現些許不便，需要參加長時間旅行需要有人幫忙打點居家環境時，可以經由 Club Tourism 所提供的家政服務，獲得協助。還有一項服務這幾年也因為高齡獨居的狀態而有越來越多的需求，就是臨終安排，因此 Club Tourism 還推出了墓地之旅、海葬與樹葬觀摩之旅，協助老會員們製作自己的自傳等服務。

借鏡與啟發

市場細分化、系列化、遊戲化

　　儘管沒有說出口，Club Tourism 卻成了一間專營熟齡客群的旅行，秉持著要開創具活力的熟齡文化的想法，從興趣社團經營的過程中，將熟齡群市場進行細分化的切割，再以系列化、遊戲化的方式，創造讓人想一去再去的理由，讓新客變熟客。同時考量到熟齡人士對於出遊的種種無助與不安，調整行程規劃內容及時間安排，設計輔助支援機制，提供理財、運動、家事等服務支援。同時，「只有顧客最懂顧客」的概念，設計熟客參與機制，讓顧客變員工，成為銷售員、導遊、照護員、口譯員等。

出門購物好累、好麻煩——篤志丸的解決策略

　　上街購物是一般人日常生活中很重要的一部分，幾乎每天一出家門，就或多或少會消費。然而購物這件再自然不過的事，對熟齡獨居人

士而言，卻往往並不容易。這不單單是區域人口高齡化情形嚴重，導致商業活動凋零的問題，也隱含著熟齡獨居人士自己是否有體力出門購物，以及熟齡駕駛的安全性疑慮等問題。從少子高齡化嚴重的日本德島地區發展出來的篤志丸，以一輛貨車為鄰近居民提供移動販售服務，讓碩果僅存的超市得以擴大銷售範圍，創造更多的就業機會，也同時改善當地熟齡居民的生活品質與健康。

偏鄉居民的基本生活需求無法滿足

對觀光客來說，到鄉村享受寧靜的湖光山色是人生一大樂事；但對當地居民而言，大街上沒有人車川流的寧靜卻是一種死寂，一種經濟即將窒息的徵兆。日本有許多偏鄉地區在人口外移與高齡化衝擊下，不僅學校招不到學生，公車也因為沒有人搭乘而頻頻調整路線，減少班次。此外，商業活動也難以維繫，地方小型超市與超商因為招不到人手、店員高齡化，不得不取消 24 小時營業甚至關門大吉，當地居民必須搭車或開車到更遠的地方，才能採買食材與生活日用品。

開車到更遠的地方採購，對青壯年來說並不困難；但對於體力不佳、行動不便的熟齡人士而言，卻是一大難事。即使熟齡人士身體康健，可以自行出門購物，搭車或駕車前往數公里外的超市購物再返家，也相當耗費體力，家人也往往擔心熟齡駕駛發生意外，極力勸阻其駕車外出。也有部分熟齡人士響應「駕照返還」政策，繳回駕照，便無法再開車了，自由行動能力也隨之大幅降低。

篤志丸創辦人──住友達也觀察到自己老家附近的商店一間間倒閉，鄰家婆婆因為不會開車，無法獨自去購物而深感困擾。如果有鄰居願意載她去購物，婆婆就會因為不知何時能再去而選擇囤貨。在僅有

76 萬人的德島縣，雖然高山環伺，風光明媚，但像鄰家婆婆這類「購物弱者」估計就高達 7.5 萬人。根據經濟產業省定義，所謂「購物弱者」指的是「因流通機能或交通網問題，導致購買食品等日常生活用品有困難之族群」。2010 年之相關調查結果顯示，全日本大約有 600 萬的購物弱者（圖 9-9）。

　　看到家鄉長輩們遭遇上述生活困擾，住友先生與好友——村上稔，在 2012 年一起成立了「篤志丸（とくし丸）」，とくし丸的日文發音是「tokushi maru」，寫成漢字則是「篤志丸」，「篤志」有熱心公益的意思。也因為日文發音中的 to ku shi ma 與住友先生的故鄉、創業發源地——德島縣的「德島」同音，所以也有人稱之為「德島丸」。篤志丸打出下列 3 大理念，以具公益性質的社會企業型態、「用商業方式解決社會問題」，除了因應上述購物困擾，並提供二度就業及婦女就業機會，

圖9-9　篤志丸創辦的背景與緣由

零售業內的轉變	・超市郊區化、超大型化發展，要自行開車才能方便購物 ・業者與顧客的雙重高齡化或死亡，地方小型超市營運困難，逐漸凋零 ・便利商店受高齡少子化影響，人力不足，紛紛取消24小時服務或關閉
交通運輸系統轉變	・因應當地居民所在地與交通需求，重新檢討公眾交通運輸的路線與班次，修改路線、班次縮減等舉措，欲使公共交通的經營合理化，卻造成當地居民外出購物、就醫等不便
高齡行動力低落的問題	・高齡駕駛肇事意外頻傳，家屬開始不希望高齡者單獨駕車外出 ・「駕照返還」政策的逐步落實，高齡者行動力更為受限
創辦人的初心	・人口僅 76 萬的四國德島縣，因周圍高山屏障，購物難民人數高達 7 萬 6 千人，約總人口一成之多 ・創辦人住友達也先生的老家附近商店一間間倒閉，鄰家婆婆因不會開車難以購物深感困擾

全日本約有六百萬購物難民！（2010年日本經濟產業省調查）

資料來源：Tokushimaru，MIC 整理，2020 年 2 月

活絡地方經濟。三大理念分別是：守護生命、守護飲食、守護工作：

1. 守護生命：到府銷售，讓購物弱者等不再為採購食材而困擾，重拾購物樂趣，同時發揮守護功能。

2. 守護飲食：為消費者提供各類食材，包括生鮮食物，並對當地超市營收有所貢獻。

3. 守護工作：開創嶄新工作機會。

打造四贏的合作模式

篤志丸所推出的移動販售服務，創造了一個四方合作多贏的模式（圖 9-10），由篤志丸提供經營知識與 knowhow，代銷夥伴早上補貨，傍晚就將沒賣掉的貨物退回給地區超市，不必承擔囤貨的成本，低成本就能創業，而地區超市則可擴大營業範疇，顧客（長輩們）享受到購物的便利性。

篤志丸總部會提供有意願加入的代銷夥伴各種協助，從加入初期開始，會至當地媒合代銷夥伴與地區超市進行簽約，以銷售該超市的商品，並到目標地區進行銷售需求調查，培養客群，規劃路線圖，同時也會提供 6 ～ 7 週的培訓課程，教授營運知識、衛生講座、銷售、理貨演練等內容。對於沒有貨車的代銷夥伴，篤志丸也會協助其向銀行貸款購置車輛，並進行改裝（約 2 個月）。一旦開始上路販售後，篤志丸也會提供各式營運銷售報表，每季出版會員刊物給代銷夥伴及會員，宣傳暢銷與季節性商品，並持續開拓各類型異業合作項目，滿足熟齡人士的需求。

　　代銷夥伴在加入篤志丸之初，需自備 340 ～ 360 萬日圓（約新台幣 95 ～ 100 萬元）的創業基金，作為購置車輛、參加各式研習課程、相關證照規費等之用。正式開始服務後，每週大約會工作 5 ～ 6 天，自上午 7 點半到超市補貨上架後出發開始銷售，一直到傍晚 5 點左右回到超市下貨、清點、清潔車輛，每天工作 12 小時左右，由於每條路線一週會造訪兩次，代銷夥伴得記得每條路線上的 50 ～ 70 戶長者，了解他們的各種需求、偏好，甚至是生活上的困擾，並在下次造訪時，為長者帶來所需的商品（包括魚肉等生鮮食材），提供必要的協助與轉介，代銷夥伴的面銷技巧、與長者們對話的能力、傾聽與關懷技巧等都相當重

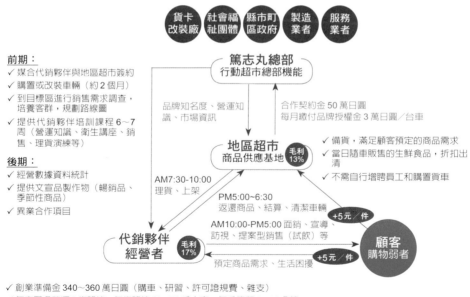

圖9-10　篤志丸建構四贏的合作模式

資料來源：Tokushimaru，MIC 整理，2020 年 2 月

要。

利潤分配方面，代銷夥伴與地區超市共享 30% 的毛利，以代銷夥伴 17%、地區超市 13% 的比例進行拆帳，同時也共享長者們每件商品加價 10 日圓的服務費，以代銷夥伴 5 日圓、超市 5 日圓的方式拆帳。雖然每件商品須加價 10 日圓，對長者們來說是一筆額外的開銷，但依據使用者付費的原則多加 10 日圓，可以省去舟車勞頓的辛勞與時間，還是相當划算。

當地超市除了幫顧客預訂想要的商品，為代銷夥伴備貨外，必須對篤志丸總部支付合作契約金 50 萬日圓（約新台幣 14 萬）及每月每輛車 3 萬日圓（約新台幣 8,400 元）的品牌授權金，以便與代銷夥伴利用篤志丸品牌提供服務。

成為年長者的好朋友

在每天的販售服務過程中，代銷夥伴會與長輩們互動，建立起信賴關係，不僅成為長者們的購物顧問，也會聽到長者們提及自己的身體健康狀況，以及其他生活需求，像是希望能協助送東西給附近的親友、寄送郵件、商品預訂、更換燈泡等。

而在初期的地區超市商品代銷型態受到矚目後，也開始有一些不在超市販售的商品希望能與篤志丸合作，打入這個鄉間熟齡消費市場。像是眼鏡公司希望提供眼鏡維修、配眼鏡的服務，或是與富士通公司合作，研發只能提領萬元現鈔的「移動 ATM」，讓熟齡人士可以不用出門就能提領銀行帳戶裡的老人年金。另外也與資生堂合作，提供化妝體驗服務；與森永乳業合作，進行新商品試喝問卷調查等

與長者們閒聊的話題五花八門，代銷夥伴一方面要記錄下來，二方

面也會為長者們尋找相關資源及協助。這些蒐集回來的資訊經由總部與
地方政府、福利團體、照護服務業者、家事服務業者、家電維修業者等
聯繫，媒合需求及服務供應商，讓篤志丸成為長者們的好朋友。

　　因此發展至今，在日本全國 46 個都道府縣都能看到篤志丸的蹤影，
385 輛貨卡穿梭在大街小巷、偏鄉山野間為長者們服務。篤志丸的服務
也受到下列獎項肯定：首先 2016 年，榮獲日本服務業生產效率協議會

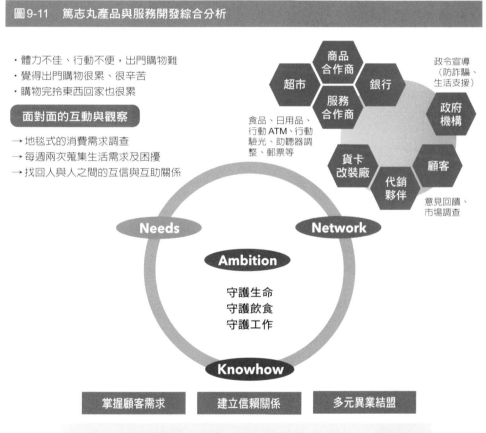

圖9-11　篤志丸產品與服務開發綜合分析

・體力不佳、行動不便，出門購物難
・覺得出門購物很累、很辛苦
・購物完拎東西回家也很累

面對面的互動與觀察

→ 地毯式的消費需求調查
→ 每週兩次蒐集生活需求及困擾
→ 找回人與人之間的互信與互助關係

食品、日用品、行動ATM、行動驗光、助聽器調整、郵票等

商品合作商　超市　銀行　服務合作商　政府機構　貨卡改裝廠　代銷夥伴　顧客

政令宣導（防詐騙、生活支援）

意見回饋、市場調查

Needs　Network　Ambition

守護生命
守護飲食
守護工作

Knowhow

掌握顧客需求　建立信賴關係　多元異業結盟

考察地方購物不便困擾處，評估規劃販售路線，與地方超市合作，透過代銷夥伴將商品運送到高齡者家門口銷售，改善高齡者的購物不便問題；業務營收再以分潤的形式回饋給各個合作夥伴

資料來源：Tokushimaru，MIC 整理，2020 年 2 月

主辦之第一屆日本服務大賞「農林水產大臣獎」，2017 年則榮獲環境省主辦之「good life award」優秀獎，並以商業模式榮獲公益財團法人日本設計振興會主辦之 Good Design Award。2018 年，作為從社會課題出發開創嶄新商務企業，篤志丸榮獲由株式會社 alterna 主辦、環境省協辦之「Green Ocean 大賞」銀賞。

借鏡與啟發

由社會課題解決，進行服務創新

篤志丸從解決社會課題「購物弱者」問題角度出發，成功打造出地區超市、代銷夥伴、長者們及公司本身四贏的運作模式，從最初掌握顧客需求開始，到規劃路線、商品選配，乃至教授代銷夥伴如何與熟齡人士互動，尋求更多異業合作機會，持續擴大對長者們的關懷，並滿足他們日常生活所需的基本需求，同時也為當地創造出更多就業機會，活絡地方經濟活動。

牙齒不好，吃東西困難——Kewpie 的解決策略

世界衛生組織（WHO）在 2001 年提出「8020 計畫」，希望各國能讓國民 80 歲時還保有 20 顆能夠正常咀嚼、確保生理需要的牙齒，以維持最基本的口腔狀態及功能，顯見牙齒健康對老年生活的重要性。許多熟齡人士飽受牙齒搖晃、牙齦發炎、出血、長膿包之苦，而食不下嚥，或是喝湯、吃東西經常嗆到，吃起飯來很不愉快。Kewpie 公司從嬰兒食品市場跨熟齡市場，從業務用（安養機構）到家庭用，以擘劃遊戲規則——制定分級標章的方式，帶動日本照護食品市場的發展。

從機構用市場走向家用市場

　　Kewpie 公司是一間以製造、銷售美乃滋等醬料及瓶裝食品為主的食品公司，眼見日本高齡社會到來，傾聽消費者（醫師、營養師、機構住民）需求後，在 1989 年推出醫院、照護機構用照護食品——「JANEF」，希望讓病患也能品嘗到不變的美味。其後，有感於高齡者也開始面臨進食相關課題，於是擴大目標消費層，梳理了照護機構、熟齡人士的各種意見後，重新規劃照護食品定位與產品訴求，於 1998 年推出「體貼菜單（やさしい献立）」調理包系列，進軍家用照護食品市場，並且努力降低售價（從單價 300 日圓〔約新台幣 84 元〕降為150 ～ 180 日圓〔約新台幣 42 ～ 50 元〕），研發能讓食物軟爛的加工技術，擴充產品品項，提供兼顧色香味、低鹽，軟硬程度並能因應不同咀嚼能力水準的照護食品調理包。

　　2000 年日本開始實施長期照護保險制度，照護食品需求日增。但有鑑於相關食品沒有統一標準，容易導致消費者混亂，食品、原料、包材業者著手制定標準，Kewpie 便自初期就參與其中。2002 年，參與標準制定之相關業者連同 Kewpie 在內，攜手創設「日本照護食品協議會」，並針對照護食品硬度及標示提出名為「通用設計食品（Universal Design oods, UDF）」的統一標準，掀起日本食品業界一股照護食品開發熱潮（下頁圖 9-12）。

　　截至 2019 年 5 月為止，協議會成員企業共有 82 家，共有 2,103 種產品登記為通用設計食品。協議會並透過發布通用設計食品相關資訊，舉辦宣傳活動，致力促成照護食品界健全發展，以提升所有人的生活品質。

　　儘管這類照護食品現在已經可以在藥房、超市、便利商店、網路等

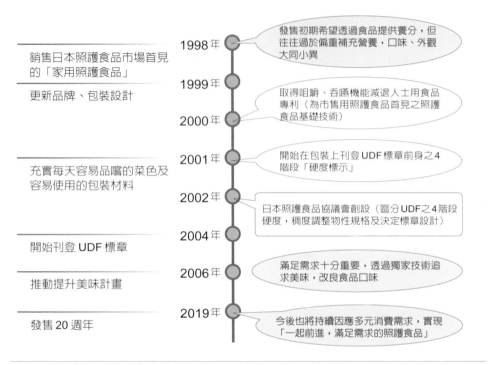

圖9-12　Kewpie體貼菜單產品發展沿革

銷售日本照護食品市場首見的「家用照護食品」

更新品牌、包裝設計

充實每天容易品嚐的菜色及容易使用的包裝材料

開始刊登 UDF 標章

推動提升美味計畫

發售 20 週年

1998年　發售初期希望透過食品提供養分，但往往過於偏重補充營養，口味、外觀大同小異

1999年

2000年　取得咀嚼、吞嚥機能減退人士用食品專利（為市售用照護食品首見之照護食品基礎技術）

2001年　開始在包裝上刊登 UDF 標章前身之4階段「硬度標示」

2002年　日本照護食品協議會創設（區分UDF之4階段硬度，稠度調整物性規格及決定標章設計）

2004年

2006年　滿足需求十分重要，透過獨家技術追求美味，改良食品口味

2019年　今後也將持續因應多元消費需求，實現「一起前進，滿足需求的照護食品」

資料來源：Kewpie，MIC 整理，2020 年 2 月

處購買，但社會大眾對於照護食品的認知仍嫌不足。根據 2018 年日本照護食品協議會的認知程度定點調查結果顯示，民眾對「照護食品」認知程度為 50％，換言之，仍有一半以上的人對照護食品並不清楚，顯示市場還有極大的開拓空間。

盤點年長者進餐的困擾及需求

Kewpie 在早年進軍照護機構食品市場時發現，年齡增長與疾病所導致的生理機能衰退影響下，熟齡人士可能面對下列進餐困擾（下頁圖

9-13）：首先熟齡人士總覺得沒胃口，餐點無味，導致食慾減退。長此以往更可能引發營養攝取不足，導致肌肉及體力衰退，活動量因而減少，陷入惡性循環。再者，由於熟齡人士牙口不好，無法咀嚼大塊、較硬的食物，導致能使用的食材有限，烹調方式也千篇一律（以燉煮、打成泥或流質為主），難以享受食物的美味。此外，吞嚥與咀嚼相關肌肉衰退，使得年長者容易嗆到或噎到，甚至造成吸入性肺炎等，可能導致恐懼攝取特定食物的心理障礙產生。

除了上述「吃不下、吃不夠、吃不均衡」的問題之外，水分攝取不足的問題也經常被忽略。由於年長後身體肌肉量減少，水分儲存能力也隨之減退，使得熟齡人士容易隱藏性缺水而不自知，發生皮膚及嘴唇乾燥、唾液及尿量減少、便祕、頭暈、譫妄、血液濃度變高、腦中風、心肌梗塞等問題。為熟齡人士準備菜餚時，應該儘可能富含水分。以便在用餐的同時順便增加水分攝取。

就心靈、感官等需求層面而言，從烹調食物時的聲響、氣味，以及看到不同食材的顏色、光澤、質地、紋理，都能刺激感官，是用餐樂趣所在。乃至看到菜餚勾起的快樂回憶，與親友一同用餐，邊吃邊聊的愉快氣氛，在在都能帶來心靈滿足。但對於只能吃泥狀或流質食物的熟齡人士而言，這些都是遙不可及的夢想。

為了協助熟齡人士找回用餐的樂趣，Kewpie 嘗試設計照護食品，以解決上述困擾及滿足相關需求；例如儘可能保持食物原有外觀，但卻又軟爛容易入口。

協助減輕備餐者的辛勞

關照熟齡用餐者需求之餘，Kewpie 也體諒餐點製備者的辛勞，基

圖9-13 年長者的進餐困擾及需求

老化帶來許多改變生理與病理的老化，導致生理機能減退

- 五官的感受力
- 食欲
- 咀嚼吞嚥機能
- 口渴感
- 消化吸收能力
- 營養素代謝能力
- 腸道蠕動能力
- 運動機能

▶ 種種老化使得老人開始對「吃」不感興趣
▶ 肺炎、骨折等機率增加，變得需要照護

要攝取足夠的水分

隨著年齡增長，肌肉量減少，身體所能儲存的水量也隨之減少，容易發生皮膚及嘴唇乾燥、唾液減少、尿量減少、便祕、頭暈、譫妄、血液濃度變高、腦中風、心肌梗塞等問題

避免營養不良的惡性循環

食量減少 → 營養不良 → 肌肉減少 → 體力衰退 → 活動量減少 → 沒有食欲

扭轉少肉、低脂、粗食的飲食觀念，攝取充足的蛋白質

咀嚼與吞嚥能力減退

【咀嚼困難】
因為牙口不好，進食時無法充分咀嚼食物，甚至完全咬不動，只能吃流質飲食

【吞嚥障礙】
因為年齡增長，與進食相關的肌肉，包括：舌骨上肌群、舌骨下肌群、咀嚼肌等也隨之衰退，食物或唾液通過咽喉時，誤入氣管，容易嗆到、嗆到，導致咳嗽、吸入性肺炎等

啟動五感體驗，刺激大腦

從食物烹調、品嚐及與親友一同進餐的過程，讓五官接受各種刺激，活化大腦機能

五感：視覺、聽覺、嗅覺、味覺、觸覺

引發唾液分泌，回想該食物有關的記憶

資料來源：Kewpie，MIC整理，2020年2月

於「Food，for ages 0 ～ 100」理念，開發了美味且容易準備的年長者食品，調理包食品──「體貼菜單（やさしい献立）」應運而生。靈活運用上述調理包，除了延長年長者能享受飲食樂趣的時間外，也同步減輕為老人家準備餐點的家人負擔。開發過程中，Kewpie 並運用了本身以往製造健康照護食品「JANEF」及嬰兒食品的 know-how。

目前「體貼菜單（やさしい献立）」全系列商品包括主食及主菜、副菜、甜點等，基於日本照護食品協議會「Universal Design Food」分類基準（圖9-14），根據食材大小、硬度等劃分為 4 類，分別是：（1）容易咀嚼（2）牙齦壓碎（3）舌頭壓碎（4）無需咀嚼。系列商品強調低鹽，可在常溫下長時間保存，同時也開發可加在菜餚及湯汁中的增稠劑，能迅速溶解，不結塊、冷了不會變硬，讓備餐者可以自由使用，

為年長者準備容易吞嚥、不嗆嘴的菜餚。1998年剛上市時，「體貼菜單（やさしい献立）」系列僅有8種商品，至2007年已增加至50種，2019年歡慶商品上市20週年時，又進一步增加為59種。

除了商品種類增加外，Kewpie並陸續取得照護食品調理包相關專利，像是2000年咀嚼、吞嚥功能低落人士食品專利（首件市售照護食品專利，專利第3061776號）、2005年柔軟白飯專利（專利第3643060號）、2014年時間經過仍能維持口味專利（專利第5461901號）、2015年速食調理包粥專利（專利第6333623號）、2017年吞嚥困難人士營養補助食品專利（專利第6103989號）及正在審查中的泥狀食品及製造法專利（特開2017-012029）、速食調理包粥製造法專利（特開2017-012043），奠定了本身在家用照護食品調理包市場的地位。

圖9-14　Kewpie 貼心菜單系列商品

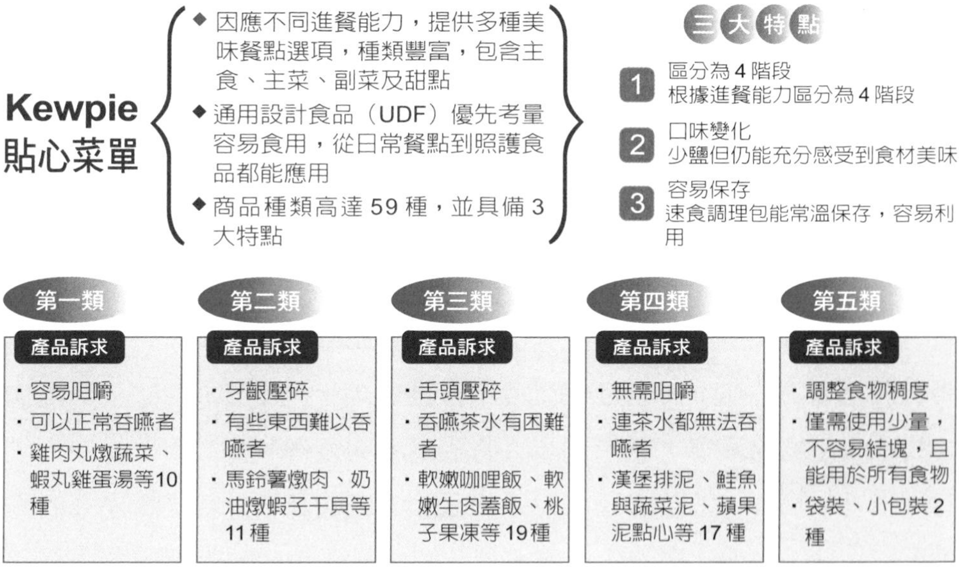

Kewpie 貼心菜單

- 因應不同進餐能力，提供多種美味餐點選項，種類豐富，包含主食、主菜、副菜及甜點
- 通用設計食品（UDF）優先考量容易食用，從日常餐點到照護食品都能應用
- 商品種類高達59種，並具備3大特點

三大特點

1. 區分為4階段
根據進餐能力區分為4階段
2. 口味變化
少鹽但仍能充分感受到食材美味
3. 容易保存
速食調理包能常溫保存，容易利用

第一類	第二類	第三類	第四類	第五類
產品訴求	**產品訴求**	**產品訴求**	**產品訴求**	**產品訴求**
・容易咀嚼 ・可以正常吞嚥者 ・雞肉丸燉蔬菜、蝦丸雞蛋湯等10種	・牙齦壓碎 ・有些東西難以吞嚥者 ・馬鈴薯燉肉、奶油燉蝦子干貝等11種	・舌頭壓碎 ・吞嚥茶水有困難者 ・軟嫩咖哩飯、軟嫩牛肉蓋飯、桃子果凍等19種	・無需咀嚼 ・連茶水都無法吞嚥者 ・漢堡排泥、鮭魚與蔬菜泥、蘋果泥點心等17種	・調整食物稠度 ・僅需使用少量，不容易結塊，且能用於所有食物 ・袋裝、小包裝2種

資料來源：Kewpie，MIC整理，2020年2月

Kewpie 公司不因照護食品是小眾市場而放棄對市場開拓的用心，反而看好市場的發展潛力，持續努力深耕技術，投注資源。根據日本照護食品協議會統計資料顯示，日本照護食品市場規模自 2010 年起連續 8 年（至 2018 年）都是兩位數成長，市場前景可期。

借鏡與啟發

自己的市場自己開

Kewpie 面對的是一個消費者對照護食品懵懂無知的市場，因此需要耗費很大的心力及資源教育消費者，讓消費者知道，有這類型的產品可以滿足他們的需求。因此，Kewpie 選擇以建立規格標準與標章制度的方式，定義市場。一旦有了規格標準，產品就容易獲得消費者的信賴與選購。同時也為自己建立起一堵進入障礙的高牆，讓技術實力不夠的競爭者，阻隔於市場的大門之外。只要看準需求及市場潛力，建立市場的遊戲規則，也是能開拓出一片廣大商機，。

自己都顧不好，怎麼顧牠——Anispi 的解決策略

根據農委會 2017 年全國家犬貓數量調查結果統計顯示，全台寵物犬的數量約有 177.72 萬隻，寵物貓約有 73.32 萬隻，合計超過 250 萬隻，略低於全台 12 歲以下幼童人口總計的 262 萬人，來到平均每 3 戶人家就養 1 隻寵物的水準，顯示許多人將寵物貓狗當作兒女來養。對寵物貓狗付出愛和關懷，喚起保護和照顧的欲望，成為許多熟齡人士老後的生活重心之一，形成「老年人 + 老狗」或「老年人 + 老貓」的「新老老照護」型態。

追求人類與動物的福祉，解決社會課題

2016 年 8 月 Anispi 公司的前身——Care Pets 成立於日本東京，專營寵物居家護理服務，該公司曾獲《NHK 早安日本》、《日本經濟新聞》、《讀賣新聞》及寵物相關雜誌等報導。創辦人——藤田英明出身照護福祉業界，觀察當前日本社會，發現下列課題：（1）每年需處理約 4 萬隻流浪貓狗，（2）殘障人士住房與就業問題，（3）閒置房產逐年增加，超過 3,840 萬戶。基於 Care Pets 之經營經驗，並有感於還有上述眾多社會課題有待解決，藤田先生期望從「Logic」和「Animal Spirit」出發，解決問題並促成公司成長。因此 2019 年 8 月調整公司定位並擴大營業範疇，以「Anispi」為集團嶄新品牌，矢志追求人類與動物福祉。

在「問題導向（Issue Driven）」思維下，Anispi 推動下列 8 大事業，包括：（1）Care Pets，寵物保姆及照護服務；（2）Waon，狗兒共生型殘障者入住設施；（3）Nyaon，貓咪共生型殘障者入住設施；（4）犬塾，專業人士指導如何照顧、訓練狗兒；（5）Cure Wan System，殘障相關系統開發及銷售；（6）空屋活用研究所，空屋開發及再利用提案；（7）Smart 福祉，殘障服務相關人才服務；（8）一般社團法人服務管理負責人協會，服務管理人自主加入營運之日本全國性組織。未來並計劃拓展服務範圍，提供狗狗日照服務、遛狗場（Dog Run）、開發無添加寵物食品、接受委託接送寵物、Care Pets 會員福利服務、寵物照護保險等，擴大事業版圖。

寵物跟飼主都一起高齡化

醫療技術日新月異，寵物壽命也逐漸延長，衍生出另一個嶄新課題──「寵物高齡化」。1983 年日本寵物狗平均壽命約 7.5 歲，目前則延長至 14.17 歲。高齡貓狗跟人一樣，可能罹患各種疾病與生理機能退化，像是白內障、關節炎、尿失禁、牙齒掉光、失智症等，衰老的寵物更加需要悉心照料。

藤田先生有感於許多高齡飼主因為自身健康欠佳、體力衰弱，罹患癌症，或因疾病就醫需要住院或轉入照護中心時，沒有辦法給予寵物妥善的照顧，同時也為了減輕高齡貓狗對飼主造成的沉重負擔，開始提供「動物看護師到府」服務，內容包含：寵物清潔、照護、寵物保姆服務，致力於建構動物版地區整體照護體系，解決寵物相關社會課題（圖 9-15）。

在服務開始前，看護師會先到府諮詢，確認寵物生活環境及需要輔助的程度，藉以提供照護建議。正式到府服務時，則會由穿著制服，具獸醫師診療輔助能力的女性動物看護師提供服務。於服務過程中，看護師全程會配戴穿戴式攝影機（Ciao Camera），記錄所有行動讓飼主安心，也可讓外出的飼主可以透過遠端影像看到自家寵物受照顧狀況。服務內容包括：到府寵物健康狀態檢查、散步陪伴、寵物護理與復健、寵物救護車服務（24 小時，全年無休）、代替飼主帶寵物看醫生、寵物接送、寵物瘦身計畫等，有助於減輕飼主照護寵物的負擔。

Care Pets 的服務收費方式一般是以每半小時或一小時為單位，若欲使用多項服務時，也有定額方案可供選擇。根據 Anispi 本身統計，利用 Care Pets 服務的飼主中，約有 60% 是利用高齡飼主照護高齡寵物之「老老看護」方案。且飼養多頭寵物的飼主眾多，因此利用每月 30 小

圖9-15	Care Pets 服務方案		
一般服務	到府提供之保姆服務	寵物保姆服務	服務內容隨貓狗而異，可包含：餵食、排泄、剪指甲、梳毛、口腔檢查、耳部清潔、散步
		訪視照護服務	出院後餵藥，狀態觀察及報告、長期臥床之寵物照護、換尿布、進餐看護等，扮演飼主與動物醫院間之橋梁，提供各種建議、照護到府及電話諮詢服務
	有困擾時之緊急、代理服務	代替飼主帶寵物看醫生	具備專業知識之動物看護師到府接寵物，並帶寵物看醫生，回報飼主看診結果，也提供居家照護建議，作為飼主日常照護時之參考
		代替飼主接送	由經驗豐富的動物看護師所提供的寵物接送服務，飼主可在無須在意寵物掉毛、氣味等會影響家人或親友的座車，無負擔且舒適地接送寵物去美容沙龍、寵物旅館等
	特別方案	復健方案	聚焦為手術後的貓狗提供到府復健的服務，協助照料寵物，讓寵物可以儘快康復
		瘦身方案	根據寵物健康狀況提供量身打造的專屬瘦身方案，協助飼主幫寵物進行瘦身，提供 24 次套裝方案及後續追蹤服務
超值配套方案	針對使用頻率高的顧客	狗狗無限方案貓咪無限方案	代替飼主作為寵物保姆服務或提供到府訪視、照護等相關服務的無上限方案，希望能減輕飼主的精神、肉體、經濟負擔
		定期方案	每週定期的貓狗訪視照護、保姆服務方案，如有週末必須加班或必須定期回診者可以利用

資料來源：PRTimes，MIC 整理，2020 年 2 月

時或 60 小時定額方案的飼主也不少。

同時為積極拓展服務範疇，Care Pets 與社團法人全日本動物專門教育協會（SAE）合作設計「動物看護師」資格制度，只要接受為期 4 個月的函授教育（費用約 6 萬日圓，約新台幣 16800 元），通過測驗即可取得「動物看護師」資格，加入 Care Pets。

幫高齡飼主實踐「終生飼養」的承諾

2014 年時日本環境省曾經修法，明訂飼主對寵物有終生飼養的責任，不能任意遺棄。若無法繼續飼養時，應竭力為其尋覓接續的照料者。

因此，在協助高齡飼主照顧寵物的過程中，經常會有高齡飼主跟動物看護師在談「假如有一天，真的再也沒有辦法養牠了，該怎麼辦？」。眼見飼主擔心自己未來無法照顧寵物時，心愛的寵物會頓失依靠，2017年7月1日起，Care Pets 推出了「寵物信託」服務，以預留財產，指定新照料者的方式，安排寵物後續照顧問題（圖9-16）。

高齡飼主簽訂預防性信託合約，指定親友或飼主認為可信賴的第三者接手飼養寵物，並根據寵物的年齡、健康狀態、體型等預估伙食費、健康檢查費、喪葬費等飼養費用，決定信託財產金額，供後續飼養時使用。一旦飼主真的健康狀況不佳，或衰弱到需要入住照護機構，而該機構也不願意接納寵物時，信託所設定的照料機制就會開始啟動。

圖9-16　Care Pets信託服務架構

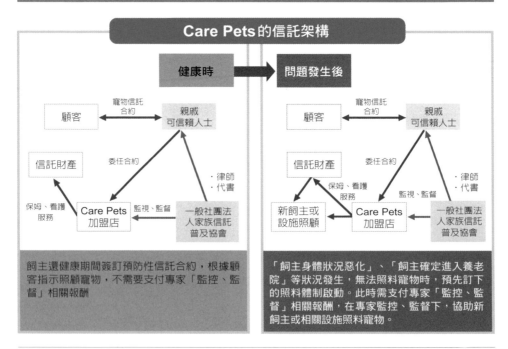

資料來源：PRTimes，2017年7月，MIC 整理，2020 年 2 月

　　雖說如此，但實際協助照料寵物的是 Care Pets，提供相關到府看護服務。此外，會由律師或代書扮演信託監督人的角色，監督 Care Pets 有無依照原飼主託付妥善照料寵物，並監督飼育費使用狀況。假使接手飼養寵物之親友或第三者也無法繼續飼養寵物時，Care Pets 並必須協助幫寵物找到新飼主，或是將其安置到動物收容機構。另外，寵物途中過世時，Care Pets 也可利用信託款項為寵物辦理後事。

借鏡與啟發

「信託」讓動物變遺產，不再被遺棄

　　長久以來，人類與動物關係非常密切，寵物也經常是熟齡人士生命旅程最終階段的陪伴者。如何給予動物妥善照顧與陪伴，Anispi 透過 Care Pets 事業提供了不同類型的多種服務。從高齡飼主角度出發，思考其需求，提供寵物陪伴、看護、急救、安置等服務，並以信託的方式區隔寵物（及其飼育費）與其他財產，協助高齡飼主延續自己對寵物的愛。此外，也同步減輕新照料者、新家的經濟負擔。

電子書
免費下載

人工智慧醫療業應用發
展趨勢

10
怕死後不安

　　過了某個年紀之後，人們往往會突然驚覺，過去總是在參加親友的婚禮喜宴，漸漸變成探病與告別式，喚起了心底深處一個不想面對的問題——死亡。在這個所有人都一定得面對的人生課題上，上世代高齡者總是來不及準備，而對新世代高齡者而言，長壽讓生前整理的風氣逐漸有機會興起，而能留下個人生活記憶的個人自傳、影音資料也日益增加，隨之而來的數位遺產問題、喪葬與遺產安排，乃至走上孤獨死一途，都比其他時代有更多被探討與正視的機會，因而延伸出商機。

勇敢斷捨離：Mercari 的解決策略

　　整理自己生活中充滿回憶的物品，對某些人來說，並非一件簡單的事情，一來是不知道從何開始整理，二來是整理完之後，不知道該怎麼處置這些東西。因為長壽化的緣故，累積在熟齡人士身邊的隱藏性資產也越來越多。別以為運用線上二手商品拍賣網站販賣自己不需要的東西，是年輕人的專利，現在 Mercari 公司的二手商品拍賣平台上，有一大群老爺爺及老奶奶，在平台上販賣充滿個人回憶的物品，掀起一波古物風潮。

離世前，先收拾善後

　　2013 年成立於東京的 Mercari，提供網路及手機二手商品拍賣平台
服務，2018 年 6 月 19 日在日本東京證交所正式掛牌上市，是當年度最
大的 IPO 案，上市首日股價就大漲 77%，成立至今 6 年間成交商品更
高達 10 億件。2014 年 Mercari 進軍美國市場，2017 年緊接著進軍英國，
Mercari App 全球下載總量已超過 1 億次，目前日本國內月活躍用戶平
均為 1,450 萬人，主要用戶為年輕人、家庭主婦及女性，熱門商品則是
二手衣物、奢侈品、3C 產品等。

　　自 2017 年起，Mercari 發現上架商品拍賣之中高齡男性人數，及標
註「『生前整理』、『終活（Life Ending）』」為關鍵字的上架件數增加，
促使 Mercari 開始留意熟齡用戶的存在。短短一年間（2017～2018 年），
50 多歲的 Mercari 中年用戶數就增加了 60%。2018 年 Mercari 協助「大
家的隱藏資產調查委員會（みんなの隱れ資產調查委員会）」調查結果
顯示：日本人的人均「隱藏資產」約 28 萬日圓（約新台幣 7.84 萬元）。
所謂的「隱藏資產」指的是家中一年以上未曾使用物品之 2 次流通價格
總額，又名「第三資產」。相較之下，60 多歲男女性之隱藏資產金額分
別為 35 萬（約新台幣 9.8 萬元）及 60 萬日圓（約新台幣 16.8 萬元），
明顯高於人均金額。這樣的調查結果也增加了 Mercari 對於熟齡用戶開
拓的信心。

簡單、免費、拍出生活新樂趣

　　Mercari 之所以能為熟齡人士所接受，是因為上架程序十分簡單，
只要三個步驟「拍照、填寫商品說明、設定上架」就可以了。同時，AI

技術的引進也應用於讓賣家能更輕鬆地上架商品，自 2017 年起，Mercari App 會根據賣家上傳之商品照片自動辨識物品名稱、品牌名、類別，讓賣家在填寫商品資訊時更為迅速便利。上架的商品是書籍、電玩軟體時，App 還會提供易於成交的售價建議，最快 1 分鐘內就能完成一件商品上架，體貼的設計也為 Mercari 贏得不少熟齡用戶的青睞。

簡單、易學之外，免上架費也是一大特點，只有在成交時 Mercari 才會收取售價的 10% 為服務費，壓低成本，降低熟齡用戶上架的門檻，提高拍賣意願。其實「賺錢」並不是熟齡人士到 Mercari 拍賣二手物品最主要的目的，處置自己用不到的東西才是主因。日本的熟齡人士普遍認為：就算是年紀很大，有生之日能自己做的事情不想麻煩別人。而今這種想法更延續到了「死後」，為了避免自己過世後造成困擾，把已經用不到的物品、珍藏以久的寶貝託付給會珍惜它們的新主人，因此興起了一股「生前整理」、「斷捨離」的風潮，二手交易市場也隨之熱絡。Mercari 的操作介面簡單、易懂、低門檻，讓熟齡人士的二手商品有了新的出路。

此外在拍賣過程中，許多熟齡用戶也開始獲得買家感謝訊息回饋，與買家議價，解說產品資訊等，與他人有更多的聯繫。有些熟齡用戶還運用 Mercari 平台，把基於個人興趣的手作商品上架拍賣，也獲得了許多買家肯定。Mercari 的出現使家裡不用的物品變少，多了收入及買家的肯定，熟齡用戶也因而與社會進一步鏈結。

跟有相同目標客群的業者異業合作

2019 年 3 月 Mercri 發表的「60 歲以上人士拍賣 App 利用實際狀態」問卷調查結果顯示，60 歲以上的拍賣 App 使用者中，61.7％回答「已

經非常熟悉網際網路及網路服務之使用法」，20 ～ 29 歲使用者之同一
作答占比為 61.4％，顯示熟齡人士的 IT 相關知識已經與 20 多歲的年輕
人不相上下同樣地，Mercari 為促使更多 60 歲以上熟齡人士學會使用
Mercari App 拍賣二手商品，開設「大家的 Mercari 教室（みんなのメ
ルカリ教室）」（圖 10-1）。

　　而另外一種業態——通訊服務業，業者 NTT Docomo 2012 年開始
販售主打熟齡客群的智慧手機，為使熟齡客群感受到手機為生活帶來的
便利及趣味，進而在換機時能選擇智慧手機，因此開設名為「Docomo
智慧手機教室（ドコモスマホ教室）」的手機使用課程。雙方目標客群
相同，訴求方向性也不約而同，因此進行異業合作，在 NTT Docomo
的教室，教授 Mercari App 的使用方式，Mercari 豐富了 NTT Docomo

圖 10-1　Mercari 與 NTT Docomo 異業合作

		大家的 Mercari 教室	Docomo 智慧手機教室
課程目標		針對 60 歲以上熟齡人士開課，教授使用 Mercari 二手拍賣 App	針對沒有智慧型手機、或已有智慧型手機但還不太會用的人，提供智慧型手機各種主題功能課程
合作利基		日本最大的二手拍賣平台	原本 90% 以上學員都是 60、70 歲熟齡人士
目的		讓熟齡人士學會使用 Mercari 二手拍賣 App，整理自己的生活，協助地方政府建構循環型社會	讓熟齡人士喜愛使用智慧型手機所帶來的各種便利生活與益處，帶動手機銷售
課程	時數	每次上課 90 分鐘	每次上課 60 分鐘，3 次課程為 1 期
	收費	免費	
	主題	開設帳號、使用程序、買賣交易、包裝、運輸、拍照、上傳陳列	
	課前準備	智慧型手機、安裝 Mercari App，欲拍賣的物品一件	
發展現況		2019 年 9 月開始決定在 50 個地點開班	2019 年 10 月，有 34 家門市有此課程，預計 2020 年 3 月會達到 100 家

資料來源：Mercari，MIC 整理，2020 年 2 月

的課程主題，NTT Docomo 則為 Mercari 提供了更多授課據點，一旦熟齡人士學會使用行動拍賣，對智慧型手機的使用黏著度也會隨之提高。

「大家的 Mercari 教室」會從最初步的開設帳號開始，到拍攝商品照片、填寫商品說明、買賣方議價、商品包裝及寄送，交易評分等，按部就班教導各階段使用程序及技巧，並陪同熟齡學員完成至少一件商品的上架動作，以便真實體驗拍賣商品流程。

2019 年，Mercari 透過另一項創舉，進一步擴大經營熟齡用戶。Mercari 的合作對象是知名旅遊業者 Club Tourism，Club Tourism（見第 9 章第 2 節）是日本最深耕熟齡客群的旅行社，顧客的七成以上是 50 歲以上的中高齡人士，經常針對熟齡人士可能感興趣的主題開辦各類講座課程。二者合作打出「到 Mercari 賣出不用的物品，然後用這筆外快去旅行！」概念，在 Club Tourism 嘗試開辦 Mercari App 使用法教室，教授熟齡人士使用行動拍賣 App，報名狀況踴躍。熟齡學員學會 App 使用法後，至 Mercari 上架販售二手物品，並可將販售所得存在 Mercari 的支付工具——Mer pay 帳號裡，做為支付 Club Tourism 旅費之用。

在上述模式中，用戶不但能幫自己心愛的收藏找到新主人，逐步清理自己的生活空間與財產，還能賺取旅遊基金。Mercari 則可借助 Club Tourism 的會員網絡，吸引到更多熟齡人士使用拍賣平台，並賺取每筆交易 10% 的手續費。最後對 Club Tourism 而言，上述合作不僅創造出與熟齡人士鏈結的嶄新節點，熟齡人士賺取外快後也可能用來支付 Club Tourism 提供行程的旅費，堪稱三贏（圖 10-2）。

圖 10-2　Mercari 與 Club Tourism 異業合作

① 發送通知會員教室開課、支付工具優惠資訊等

② 參加 Club Tourism 定期舉辦的 Mercari 使用教室

用戶（賣家）

④ Mercari App 上拍賣不需要的二手物品

③ 教授二手物品上架方法及技巧

⑦ 吸引熟齡人士參加 KNT 分店主辦的旅行團，並以 mer pay 付費

⑥ 將賣家的收入，儲值進 mer pay

Mercari

Club Tourism

⑥ 掃 QR 碼，以 mer pay 付款

⑤ 選購商品、提問、議價、下單

③ 教授二手物品上架方法及技巧

用戶（買家）

① 發送通知會員教室開課、支付工具優惠資訊等

② 參加 Club Tourism 定期舉辦的 Mercari 使用教室

資料來源：Mercari，MIC 整理，2020 年 2 月

建構資源循環社會，解決遺物整理的社會課題

　　除了透過上述異業串聯，與深耕熟齡市場的旅行社及電信業者合作外，Mercari 也與地方政府及協會團體合作，介紹透過 Mercari App 拍賣二手商品的生前整理方式。2019 年起，Mercari 陸續與千葉縣、神奈川縣政府單位合作，希望透過 Mercari 服務提供及使用法教室開辦，讓熟齡人士學習利用二手拍賣進行生前整理，作為高齡者支援對策之一環。熟齡人士透過使用拍賣 App 與社會有所聯繫，生活更有意義。將自己珍視的物品賣給有同樣喜好的人，也有助於改善高齡者居家生活環境，協助地方政府解決孤獨死、遺物整理等社會課題。

想寫自己的故事：Cocolomi 的解決策略

　　Cocolomi 公司成立於 2013 年，是一間靠「打電話」起家的公司，以「消弭所有的孤獨與孤立」為願景，提供年長者對話守護服務、自傳撰寫服務、年長者相關機器人開發支援及其他年長者相關事業支援等三大類服務。該公司近年來相繼獲獎，首先於 2016 年獲得經濟產業省主辦之 Japan Healthcare Business Contest 優秀獎，2017 年獲得「西濃新創企業加速器」最終入圍，2018 年榮獲東京都主辦的「讓全球看到大賽服務部門」特別獎，2019 年則入選 Plug and Play Japan 株式會社主辦之 Summer/Fall 2019 Batch 加速器。

打電話也是門生意：羈絆 plus

　　2014 年 2 月，Cocolomi 推出第一項服務「羈絆 plus」電話問安，為獨居長者提供電話聊天的守護服務（圖 10-3）。服務流程如下：首先由專屬談話員（2 人一組）進行初次訪視，向年長者說明服務內容、方式，並進行自我介紹。接著會利用請年長者填寫的自我介紹卡及話題清單，了解年長者的興趣、生活型態、健康及用藥情形，拉近彼此的距離並建立信賴關係。之後專屬談話員會在每週固定時間打電話給年長者，進行約 10 分鐘的通話。通話結束後，專屬談話員會將記錄下來的聊天主題及內容彙整成報告，寄發給關注年長者的家人、朋友，讓他們了解年長者的近況。

　　由於是固定通話，如果在預定時間打電話，年長者卻沒有接聽時，專屬談話員會在當天的其它時段再次致電，了解年長者是否剛好外出，

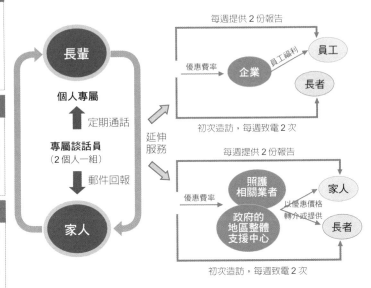

圖10-3　Cocolomi 服務模式

面對面　自我介紹資料袋

與專屬談話員建立信賴關係
內含負責談話員簡歷、服務說明，及需由高齡者填寫的「自我介紹表」、「話題興趣清單」。是基於以往knowhow 設計出的信賴關係建構流程

電話　定期打電話

同一位談話員定期打電話
理解彼此後，同一位談話員定期打電話，讓高齡者能安心溝通，甚至說出連對家人都難以啓口的煩惱或身體狀況等

Email　向家人報告

針對談話內容，每次提供「生活報告」
將電話內容彙整成報告後，以郵件發送給家人，讓家人掌握高齡者生活狀況

長輩

個人專屬

專屬談話員
（2個人一組）

家人

定期通話

郵件回報

延伸服務

每週提供 2 份報告

優惠費率

企業

員工福利

員工

長者

初次造訪，每週致電 2 次

每週提供 2 份報告

優惠費率

照護相關業者

政府的地區整體支援中心

以優惠價格轉介或提供

家人

長者

初次造訪，每週致電 2 次

資料來源：Cocolomi，MIC 整理，2020 年 2 月

或發生急病等緊急狀況。同時談話員也可以經由電話聊天時的聲調、語氣、聲音等掌握年長者身心狀態，記錄下自己對年長者的觀察結果。長期固定交流後，有些年長者也會向專屬談話員傾吐自己的心事，並且要求不要將這部分內容寫進對話紀錄中通知子女。

透過羈絆 plus 服務，不僅改善了年長者的社交隔離問題，也能刺激大腦活絡，預防失智症發生。許多年長使用者發現，過去跟子女沒有話題可聊，或是一對話就吵架；但有了與談話員聊天的經驗，漸漸可以嘗試表達自己的想法及溝通，親子關係也獲得改善。也有年長使用者發現，自己跟專屬談話員提到最近身體狀況不佳，不久後就會接到子女的問候電話。或是有了專屬談話員陪伴聊天後，開始期待每一次通話時間

可以趕緊到來，不再覺得孤單、寂寞。

目前羈絆 plus 服務已經不侷限於上述型態，延伸出許多嶄新服務模式，像是成為企業員工福利中的一環，為外派員工提供「父母守護」服務，預防「照護離職」發生。或是與照護相關機構及地方政府的整合資源中心合作，提供聊天關懷服務，了解年長者的近況及需求。

寫自己的故事：父母的雜誌

伴隨著專屬談話員與年長使用者的對話越來越深刻，家人（子女）對於父母親的了解也更深入，逐漸出現想把片段對話中提及的過往編纂為書籍的想法，因應此一需求，Cocolomi 於 2015 年 5 月推出名為「父母的雜誌」之嶄新服務。

運用「羈絆 plus」服務所累積的專業經驗及採訪能力，新服務透過訪談協助父母親回顧一生，用大量圖像化方式，將生命中重要的故事及想對子女說的話表達出來。製作「父母的雜誌」不僅提供長者們回顧人生的機會，也能實際拿到自己專屬的人生故事紀念雜誌，如同傳家寶一般。

利用流程如下：向 Cocolomi 提出申請後，首先會有 2 人一組的工作人員到家裡進行 2 ～ 3 小時的面對面專訪，其次再透過每周 2 次的電話採訪，補充先前沒有講清楚的內容，溝通年長者想表達的想法及情感，並了解近況及生活趣事，作為雜誌內容的小插曲一併刊載。整體而言，大約 2 ～ 4 個月（最快 6 週）便可完成 20 頁的全彩雜誌 3 本。

自 2015 年開始提供以來，本服務訪談人數已超過 1,000 人，製作過 700 本以上的自傳型雜誌。

教你聽懂高齡者的心

前述兩項服務屬於 B to C 類型，2017 年 10 月起提供的「高齡者會話方法論」則是屬於 B to B 類型。Cocolomi 將「羈絆 plus」及「父母的雜誌」所累積的大量聊天內容歸納、分析後，整理出與高齡者對話的技巧、聆聽 knowhow 及會話方法論，並且將與年長者的談話內容文字化，讓 AI 引擎學習，用以設計對話情境，有助於協助其它業者設計會話內容，並應用於聊天機器人、智慧音箱等產品（圖 10-4）。

2018 年與夏普 Robohon 機器人手機的合作，便是一項成功的應用案例。夏普 Robohon 機器人推出「我的足跡」服務：機器人電話對用

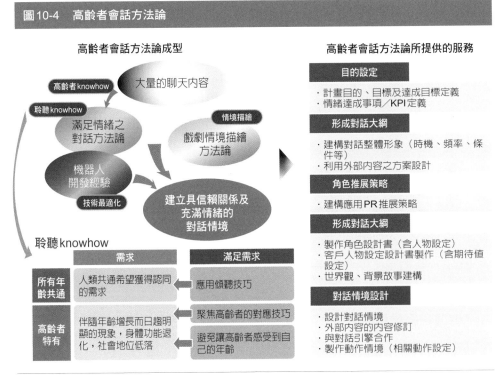

圖10-4　高齡者會話方法論

資料來源：Cocolomi，MIC 整理，2020 年 2 月

戶進行訪談，用戶則將過程中回憶起事項紀錄在自傳用「足跡」筆記中。將完成的筆記寄給 Robohon 事務局，事務局就會讓 Robohon 記住筆記內容，之後相關內容就會出現在用戶與機器人電話的對話中。

除了與其它業者合作開發聊天機器人外，Cocolomi 也應用高齡者會話方法論舉辦講座與培訓課程，提供「高齡者行銷」、「溝通能力訓練」、「獨居高齡者孤獨及解決法」等不同主題之演講及授課，讓更多有意經營熟齡市場的業者能從 Cocolomi 的經驗中獲得啟發，更快、更好地掌握銀髮商機，提供更優質的服務。

借鏡與啟發

福利服務也能有商業轉型的機會

「電話問安」是許多高齡相關基金會、社會福利機構所會提供的服務，旨在針對會到周邊關懷據點參與活動，以及行動不便或鮮少出門的熟齡人士，給予定期的電話問安服務，了解其生活近況、身體健康狀態，視談話中蒐集的訊息，提供福利訊息與轉介服務等。Cocolomi 的模式提供了一個商業化構想，從「講電話」開始，累積與熟齡人士對話的經驗、資訊、資料庫，進而發展出對話的方法論，成為「最會和熟齡人士對話」的公司，進而成為其他業者的合作夥伴。

跟數位遺產說再見——Neo Price 的解決策略

新世代高齡者與上世代高齡者很大的不同之處，在於他們是引領現代科技發展、推動數位普及的世代，累積了豐厚的數位資產，一旦到生命消逝的時候到來，這些數位資產立刻變為數位遺產，「該怎麼處理？

可以怎麼處理？」才能讓逝者與遺族的權益不致受損，甚而感到慰藉，又符合道德與法律的邊界，便是一大挑戰。

數位浪潮下的老後新需求

近年來全球智慧型手機的普及率逐漸上升，下至小學生，上到年長者，幾乎已是人手一機的狀態。以日本為例，日本總務省 2018 年《通訊利用動向調查》結果顯示, 日本 60 ～ 69 歲高齡者的網路利用率高達86.5%。在此大環境下，使用者一旦過世，智慧型手機、平板電腦、筆記型電腦等數位產品內會留下許多個人資料，包含電子帳戶、信用卡資訊、電子貨幣、照片、影片、通訊錄等，這些都可被稱之為「數位遺產」（圖 10-5）。

這些數位設備只能由家人或資源回收業者處置，過程中不乏數位資

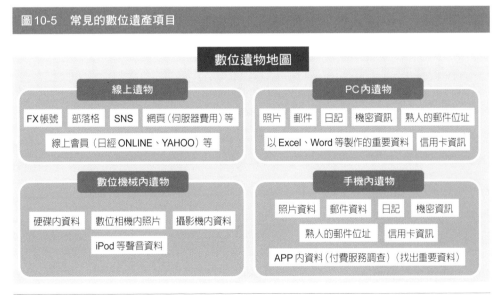

圖10-5　常見的數位遺產項目

資料來源：Marelique，MIC 整理，2020 年 2 月

料外流或遭人盜用的風險。數位設備中儲存的資料（如照片、影片、過往與親友往來郵件、訊息等）既是逝者曾經存在過的證明，卻也可能包含逝者不願意讓遺族得知的內容，因此數位遺產的妥善處理，也成了新時代數位浪潮下的新需求。

尊重長者與遺族意願，生前、死後整理都安心

Neo Price 公司成立於 2012 年，目前提供舊物整理與回收、遺物整理與收購、iPhone 手機與名牌打火機修繕等服務。2015 年時，Neo Price 將遺物整理由舊物回收服務中獨立出來，以「Marelique」（法文中「我的遺物」之意）為品牌，積極拓展遺物整理業務，提供舊物回收、遺物與數位遺物整理、孤獨死特殊清掃等服務。Marelique 期望在保留與逝者相關回憶的同時，也能防範個資外洩的風險於未然。

Neo Price 公司自 2016 年起連續 4 年獲一般社團法人遺品整理士認定協會認定為遺物整理優良企業，自 2016 年起並連續 3 年獲意外現場特殊清掃中心認定為優良事業單位。此外，2017、2018 年取得經產省「待客規格認證（服務品質可視化規格認證制度）」，是一家服務品質值得信賴且獲得客戶肯定的公司。

Marelique 所提供的數位遺物整理有以下兩種類型，分別是生前及死後數位遺物整理（表 10-1）。首先有關生前數位遺物整理，年長者可以下載該公司所設計的小程式──Ami Note 並安裝於電腦中。Ami Note 程式可協助年長者管理下列 17 種資訊，包含存款、有價證券及不動產、聯絡資訊、數位遺產、醫療、心願清單、遺照、喪葬意願等。

進入程式首頁後，年長者可逐項填入個人相關資料並設定密碼（含本人密碼及經授權的非本人密碼）。且該程式操作頁面上沒有「儲存

表10-1　數位遺物整理服務內容

服務項目	PC	智慧型手機	線上服務
郵件內容、工作資料	取出所有內容後請遺族確認，必要者按照時間順序（日期、月份、年度等）儲存於不同檔案夾		
朋友、熟人的郵件位址	搜尋出保存於不同處所之所有資訊後，請遺族閱覽。判斷有必要者，按照發音順序儲存於不同檔案夾	保存於雲端、線上之熟人郵件位址或遊戲帳號內之聯絡資訊等，按照時間順序儲存於不同檔案夾內，並按照發音排序	
照片、影片等數位資訊	保存於PC、手機、線上處的照片、影片等數位資訊，請遺族確認後，其中必要者按照時間順序儲存於不同檔案夾		
網路銀行及證券、外匯、黃金、原油等線上交易	進行一般遺物整理時，先透過書面文件確認故人是否利用網路銀行或進行線上交易。其次於PC、手機、線上進行資料確認，如確實發現交易進行則取出資料（交易履歷、登入密碼、銀行及證券公司聯絡方式等）後對遺族出示並說明。如遺族有需求，並提供後續最適處理手續建議		
SD卡、USB、錄影機、數位相機、錄音裝置等	SD卡、USB原則上直接轉交遺族，但也可應遺族要求協助取出其中資料，並按照檔案型態彙整。而錄影機、數位相機等協助遺族確認資料，並取出其中必要者儲存於SD卡中提交。錄音裝置則直接轉交		
SNS、部落格關閉手續	確認使用狀況，洽詢營運業者取得密碼後登入，進行關閉相關手續		
其他雲端資料及數位遺物	工作人員於作業過程中，如判斷有其他雲端資料、數位遺物也應該處理，則隨時提出建議，並提供資料取出、分類排序儲存等服務		

資料來源：Marelique，MIC整理，2020年2月

鍵」，在分類標籤下輸入資料的同時就會自動即時儲存，操作相當簡便。填入的相關資料又可區分為「希望留下的資料」、「希望刪除的資料」兩大類，可透過 Ami Note 程式設定處置方式，譬如多久未開機則刪除

所有檔案，非本人開啟即刪除檔案，非本人開啟即不顯示檔案或非本人開啟自動跳出檔案等。

其次有關死後數位遺物整理，則是由遺族代為向 Marelique 提出服務需求。接獲洽詢後 Marelique 會派員訪視，並進行服務需求範圍確認及估價，雙方取得共識後，即可開始針對電腦、手機及故人利用之線上服務提供包含密碼解碼在內的相關服務。Marelique 會依據遺族要求搜尋資料，將找到的資料彙整後請委託方檢視確認，決定將資料取出或刪除。若有線上交易如證券、期貨、黃金、原油等金錢相關資訊，也會搜尋、彙整後向遺族說明，遺族如有需求並可提供後續處理建議。

此外像是 Facebook、部落格帳號，Marelique 也會代為向營運業者洽詢密碼及進行關閉帳號的相關手續。最後，針對已完成資料存取、刪除的電腦、手機及其他數位設備，Marelique 也提供資源回收、捐贈、拍賣等相關服務。

借鏡與啟發

「信賴」與「尊重」最重要

由於 3C 產品使用的進入障礙越來越低，這類型數位遺產的安排可能是新世代高齡者在開始使用智慧型手機、設定通訊軟體、申請 Facebook 帳號之初，未曾想過的事情。Neo Price 公司在發掘到數位遺產整理服務的需求日增後，積極發展生前及死後整理服務，運用公司所開發的 Ami Note 檔案清除軟體，提供給使用者多元的檔案分類設定，並以加密的方式（建立信賴感）區隔代理人的身分類別，忠實的執行熟齡人士對於數位遺產處置的安排，同時也依照遺族的意願，代為協助進行數位遺產整理，並給予資料處置上的建議。若再加上數位哀悼，運用

AI 科技重建數位人格，達到數位永生（Digital Immortality）的狀態，數位遺產的處理又將會邁入到另外一個新的境界。

安心告別——Kokuyo、Everplans 的解決策略

　　無論是在什麼樣的狀態，「寫遺囑」都是件讓人揪心的事情，鮮少有人能思慮清晰且完整的一次寫完。為了幫助人們對「死亡」有更好的準備，Kokuyo 及 Everplans 公司，分別以紙本與數位的形式，採引導式、系統化的方式，協助使用者逐步完成自己的遺囑，給予家人最後的愛。

案例 1：Kokuyo

轉以高齡者為中心
　　文具與辦公家具製造業其實很難跟「老」有所連結，然而日本的 Kokuyo 公司卻成功連結了二者。這家公司原本的業務是文具與辦公家具製造、進貨、銷售及辦公室空間設計、諮詢，卻由於商品開發人員大學時擔任志工的經驗，著眼熟齡人士「製作具備法律效力遺囑」、「留下相關紀錄，以免家人為身後事困擾」等潛在需求，推出相關商品。其中，針對「不希望家人為身後事困擾」需求，Kokuyo 推出「生命里程後援系列」產品，爭食熟齡商機。
　　「生命里程後援系列」產品中首先上市的是「遺囑 kit」，負責商品開發的員工畢業於法律系，就學期間曾擔任志工接受免費法律諮詢。過程中發現許多人希望自己寫遺囑。但由於規則相當複雜，對沒有背景知識的一般人而言，寫遺囑並不容易。當時這位員工也嘗試自己寫遺囑，但連使用的紙張及信封都傷透腦筋，最後沒能完成，當然也無法為前來

諮詢的人提供有效建議。進入公司後，上司要求這位員工提出「能協助顧客解決問題」的新商品提案時，學生時代的記憶浮現，促使這位員工開始針對公司內外男女各 100 名消費者進行訪談調查，結果發現遺書製作輔助商品的需求果然存在，「遺囑 kit」應運而生。

2009 年 6 月「遺囑 kit」首次上市就熱銷 7 萬冊，遠遠超出最初預期銷售 2 萬冊的目標，Kokuyo 公司趁勝追擊，於 2010 年緊接著發行「Living & Ending Notebook（萬一筆記）」，6 年內銷售超過 60 萬本，至 2017 年為止，「遺囑 kit」及「萬一筆記」累計銷售量已高達 100 萬本。

「遺囑 Kit」是從 3 個家庭的案例開始介紹，讓使用者了解遺囑的重要性及對遺族的幫助，接著介紹研擬遺書應了解的基礎知識及遺囑撰寫時的常用用語及相關疑問，以確保遺囑中陳述能不被誤解與扭曲。「遺囑 Kit」並以逐步引導的方式，帶領使用者試著開始撰寫遺囑，最後還提供日本法院、律師、公證事務所的清單，以便使用者能將撰寫完的遺囑進行公證，確保遺囑具有法律效力。

「萬一筆記」則是針對臨終生活所設計出的內容框架，從「家人住院感到困擾」、「父母親過世感到困擾」及「老後日常生活困擾」三個案例開始，陳述沒有做好臨終安排可能給自己與家人帶來的困擾，讓使用者意識到預做安排的重要性。使用者可以在筆記中記錄下個人基本資料、資產狀況、遺物管理（數位遺物、收藏品、寵物等）、親屬關係（緊急連絡人等）、醫療照護（住院病史、臨終急救、器官捐贈等）、喪葬安排及其他事項（照片、給家人的話、保險、銀行帳戶自動繳費設定等）。

同時還附有整理收納夾，可保存重要照片及光碟片，可說是前述 Marelique 遺物整理服務的個人紙本版。此外，不同於以往此類筆記本多使用寒色封面，「萬一筆記」採用黃、橘色等暖色封面，讓使用者更

有意願填寫上述資料。就連使用的紙質也有講究，使用名為帳簿用紙的紙張，比一般筆記本紙質硬且厚，據說可保存數十年不損壞。裝訂法也不是一邊黏貼式裝訂，而是更堅固、持久的「線裝」方式。

案例 2：Everplans

生命中必然會到來的事，卻總是疏於準備

　　位在美國紐約的 Everplans 創立於 2012 年，是一間提供線上身故規劃、儲存人生重要資訊及資訊安全共享服務的公司。2010 年時，Everplans 的創辦人 Abby Schneiderman 正在籌備婚禮。人生角色的轉換讓 Abby 開始意識到自己即將承擔更多責任，應該對「面對死亡來臨」這件事進一步充分準備。換言之，在籌備結婚、建立新家庭過程中發現，與辦喜事相比，人們生活周遭其實比較欠缺的是「如何安排死亡與喪禮」的完整資訊。一旦某天突然必須處理這些事務時，可能會非常混亂。因此 Abby 開始研究臨終生活及喪禮事務，並將她個人與相關領域專家交流的心得撰寫為網路文章，希望能幫助其他人。

　　2012 年時，Abby 51 歲的兄長突然過世，這時她才驚覺，僅僅撰寫文章根本不夠。為確保每個人對自己的身故都能事前規劃，避免在這一天到來時讓家人也陷入混亂、困擾中，Abby 決心創立 Everplans。目標為藉由 Everplans 的系統性引導與規劃，協助用戶預先儲存重要資料，一旦發生意外時，家人可以檢視逝者完整的計畫內容，按部就班地完成遺產處理及喪葬事宜。

To C、To B 皆可的線上身故規劃服務

　　Everplans 目前提供兩種服務，一種是個人家庭版（B to C），另一

種則是企業專業版（B to B to C）。個人家庭版針對個人（無論是本人或父母親）提供服務，企業專業版則是針對財務顧問、保險人員、遺產規劃律師等提供服務，讓這些專業人士有能力協助他們的客戶做好身故規劃（圖 10-6）。

使用者只需要按部就班地跟隨網頁內容導引，填寫本身帳戶聯絡人、遺願、遺囑、醫療資訊、預立醫療指示、財務資訊、保險、法律文件、銀行資訊、自動扣款資訊等內容，上傳相關重要文件並加密。Everplans 採用銀行級 AES-256 加密、2048 位證書的 SSL 及其他安全技術保護使用者數據，確保安全性。加密後，複雜的身故規劃就大功告成。同時，使用者也可針對不同資訊進行多位代理人檢視權限不同的設定，讓身故規劃有更多彈性及隱私。再者，Everplans 還將與身故規劃

圖 10-6　Everplans 服務類型

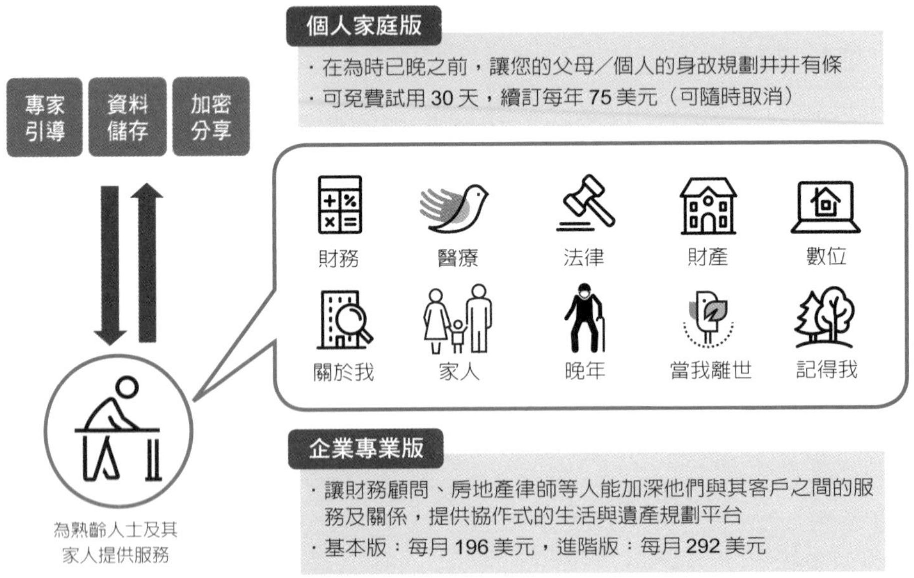

專家引導　資料儲存　加密分享

為熟齡人士及其家人提供服務

個人家庭版
· 在為時已晚之前，讓您的父母／個人的身故規劃井井有條
· 可免費試用 30 天，續訂每年 75 美元（可隨時取消）

財務　醫療　法律　財產　數位

關於我　家人　晚年　當我離世　記得我

企業專業版
· 讓財務顧問、房地產律師等人能加深他們與其客戶之間的服務及關係，提供協作式的生活與遺產規劃平台
· 基本版：每月 196 美元，進階版：每月 292 美元

資料來源：Everplans，MIC 整理，2020 年 2 月

相關的線上文章、檢查表單、機構推薦清單等內容公告於網頁上，便於使用者思考本身規劃時作為參考。

借鏡與啟發

為生命中唯一確定的事預做準備

　　直至今天，臨終安排、身故規劃對許多台灣家庭而言，仍然是一個難以啟齒的議題。無論是提供數位化服務的 Everplans 公司，或是紙本形態商品的 Kokuyo 公司，都在協助每個人為生命中唯一確定的一件事預做準備，透過重新檢視本身的一切，思考在生命消逝之前，什麼才是最重要的事。

　　Everplans 公司以身故規劃為主題，在線上資料備份與雲端儲存服務市場中開創出屬於自己的新藍海，Kokuyo 公司的「生命里程後援系列」筆記本上市後，則是讓父母、子女間有機會討論往往難以啟齒的終老話題，父母更可以透過紀錄筆記明確表態。此一嘗試讓看似與高齡商機無關的文具、辦公家具公司有機會掌握高齡商機。

倘若真的孤獨死──Memories、Modecas 的解決策略

　　探討「你想在哪裡死？如何死？」是一個沉重的問題。有些熟齡人士因身體健康狀況不佳，經常進出醫院，陷入長壽地獄之中，求生不得，求死也難，也有些人因為長年獨居，做了許多生活上的安排（如：訂閱報紙），害怕自己會孤獨死卻沒有人知道，可是、假如、真的就是獨居，很可能會孤獨死，又該怎麼處理呢？

案例 1：Memories

積極推廣、建構需求意識

Memories 公司成立於 2008 年，業務內容包含：遺物整理、特殊清掃、髒亂住宅清掃、除臭處理、生活環境改善清理、空屋整理、搬家及回收等服務。目睹母親在整理祖母遺物後，因為沉重的精神、身體負擔而崩潰，創辦人橫尾先生感受到遺物整理的必要性，因而興起投入遺物整理行業的念頭。希望藉由遺物整理，陪伴遺族回顧與逝者之間的回憶，進而理清思緒，讓自己的人生能邁出新的一步，故而將公司定名為「Memories」。

至今（2018 年）創業已超過十年的 Memories 是獲「遺物整理士認定協會」推薦之優良企業，諮詢後成約率98%、顧客滿足度99%，經手案件超過 10,000 件以上（每月案件將近 100 件），並獲日本國內外眾多媒體如：NHK、丹麥 DRTV、每日新聞、朝日新聞、讀賣新聞、產經新聞等報導，創業者橫尾先生還有遺物整理相關著作《遺品整理から見える高齢者社会の真実（從遺物整理看現實高齡社會）》，向社會大眾分享遺物整理。

獨家除臭技術，建立競爭優勢

Memories 的服務之所以極具口碑，基於兩大特點，分別是「資源物品回收處理」與「特殊除臭技術及工法」。

首先，針對整理過程中找出的許多堪用舊物，像是家電用品、家具等，Memories 清掃人員會根據本身的經驗與鑑定知識估價，並當場收購委託人欲廢棄的舊物，折抵整理費用。接著便將這些舊物帶回公司，視物品的狀態、性質、價值等進行資源回收、捐贈，或是賣給海外的二

手商品業者。

所謂「特殊清掃」，則是針對孤獨死、意外身故、自殺或謀殺現場所提供的清掃服務。與一般的遺物整理不同，上述死亡現場所留下的血漬與體液不僅會滲入榻榻米、木質地板、磁磚縫隙，使空氣中瀰漫著讓人難耐的惡臭，也會吸附在牆壁或地板上，光是用一般清潔劑很難讓屋子恢復原狀，需要動用特殊除臭方法。

Memories 有感於除臭作業在整理服務中的重要性，將除臭團隊獨立出來，成立了名為「除臭專家」的專業除臭公司。運用除臭能力為傳統機種 10 倍的臭氧機，並視臭味種類、性質不同，區隔使用 3 種不同類型的臭氧機。此外，這家公司並以本身獨家配方調配市售清潔、噴霧、除臭劑來清潔環境，還獨家開發了無臭、無色、無害的除臭膜，將臭味源完全隔離起來，無需進行大規模工程就能徹底除臭（99.9%），大幅壓低除臭成本。此外，除臭專家公司與日本除菌脫臭服務協會合作，收集、分析臭味數據，據以進行前述市售除臭劑獨家調配。而且只要是在總公司（大阪）半徑 20 公里內，就算是半夜有除臭的需求，Memories 也會隨傳隨到，提供 24 小時全年無休的服務。

除了上述服務之外，Memories 也為罹患失智症、獨居，不懂得怎麼清掃居家環境的人提供改善生活環境的清掃服務。更特別的是，為了避免身後事給家人帶來困擾，本人可於生前向 Memories 預約遺物整理服務。

針對近來日益增多的數位遺物，Memories 內部也設立 IT 部門應對此類新整理需求。約需 1 ～ 2 週的時間，便可將數位裝置中的資料、照片、文檔及帳戶資訊等資料取出，取消訂閱服務，協助遺族應對逝者潛在的數位資產或數位負債。

案例 2：Modecas

遺物整理成為平台經濟

　　Modecas 創辦人——齊藤祐輔原本服務於線上照片圖庫公司，2015年創業初期也是提供照片、動畫相關服務，因為本身是由爺爺一手拉拔長大，在處理爺爺遺物時發現中古用品回收、遺物整理等相關資訊十分貧乏，也不清楚遺物整理該有的合理價位，因而於 2017 年開始提供名為「遺物整理 .com」的遺物整理服務，希望提供能安心委託且價位合理的服務（圖 10-7）。

　　2019 年 7 月，「遺物整理 .com」服務改名為「オコマリ（Ocomari，

圖10-7　Modecas 的 Ocomari（消除煩惱）遺物整理平台

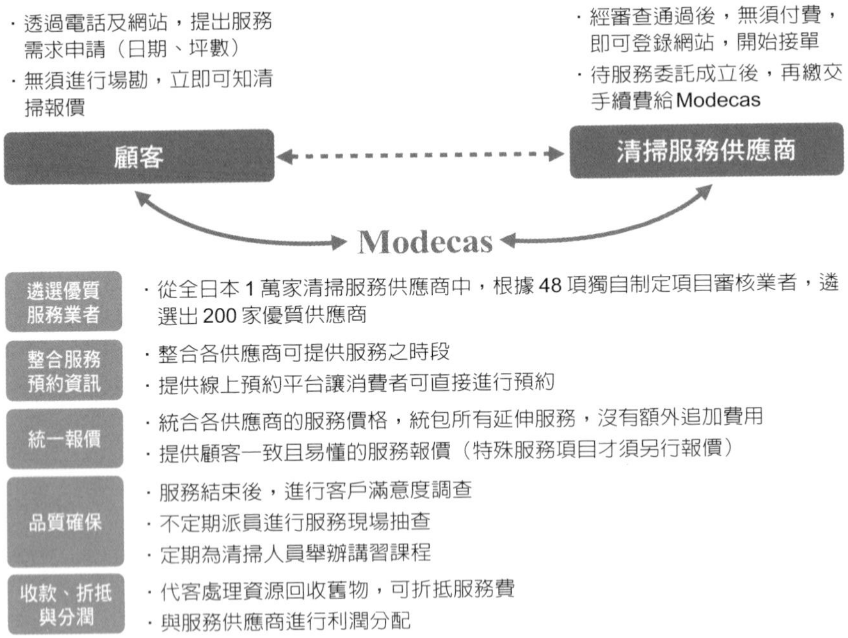

・透過電話及網站，提出服務需求申請（日期、坪數）
・無須進行場勘，立即可知清掃報價

・經審查通過後，無須付費，即可登錄網站，開始接單
・待服務委託成立後，再繳交手續費給 Modecas

顧客 ←--------→ **清掃服務供應商**

← **Modecas** →

遴選優質服務業者	・從全日本 1 萬家清掃服務供應商中，根據 48 項獨自制定項目審核業者，遴選出 200 家優質供應商
整合服務預約資訊	・整合各供應商可提供服務之時段 ・提供線上預約平台讓消費者可直接進行預約
統一報價	・統合各供應商的服務價格，統包所有延伸服務，沒有額外追加費用 ・提供顧客一致且易懂的服務報價（特殊服務項目才須另行報價）
品質確保	・服務結束後，進行客戶滿意度調查 ・不定期派員進行服務現場抽查 ・定期為清掃人員舉辦講習課程
收款、折抵與分潤	・代客處理資源回收舊物，可折抵服務費 ・與服務供應商進行利潤分配

資料來源：Modecas，MIC 整理，2020 年 2 月

消除煩惱）」，改以「平台經濟模式」經營，媒合顧客與清掃服務業者，提供遺物整理、生前整理、髒亂住宅清掃、資源回收等服務。轉型後不僅解決眾多中小清掃業者人手不足、不擅長顧客管理、淡季旺季落差太大、詢價評估頻繁等問題，一舉擴大服務提供範圍，也讓顧客的需求可以更快地被滿足。

堅守「定額不加價」、「品質至上」

Modecas 建立了 48 個項目的審核清單，用來檢視想參與平台提供服務的清掃業者素質，共計遴選出 200 家服務品質優異的業者。審查通過後，業者無須付費，即可在 Ocomari 網站登錄資訊並開始接受服務委託，服務委託成立之後，再繳交手續費給 Modecas。

在 Modecas 平台上，所有業者的收費標準都相同，採定額收費方式，不會有削價競爭及額外加價情形，保障業者及顧客權益，減少溝通不良所導致的商業糾紛。由於是根據顧客所欲整理的空間大小收費的「定額收費制」，不會因為整理出來的廢棄物、大型物件較多，或是居住的樓層較高而增加費用，減少發生消費糾紛及負面評價的機會。

顧客只要透過電話及網站提出服務需求申請，無須進行場勘，便可立即獲得報價。確認作業日期後，便可完成服務預約。服務結束後，Modecas 會進行顧客滿意度評價，以確認服務供應商的服務水準，了解有無缺失及可改進之處。如有顧客滿意度不佳的情形，也會輔導服務供應商，提供教育訓練。如果仍未改善，甚至可能解除合作關係等，以維持服務品質。針對整理出的堪用二手物品，為減少顧客處理舊物的困擾，Modecas 也會代為處理回收或將舊物賣到國外。

此外，由於 Ocomari 網站上有許多清掃服務供應商，也使 Modecas 的經營手法更靈活，行銷曝光機會增多，有助於建立服務品牌形象，幫

清掃服務供應商招攬顧客，或是舉辦清掃服務的早鳥預約活動，錯開服務需求高峰期等。2019 年 7 月轉型為媒合平台服務後，短短三個月間累積媒合件數超過 2,000 筆。未來 Modecas 也希望能延伸出更多的媒合服務，滿足熟齡獨居人士的生活需求。

借鏡與啟發

看似艱辛的行業，也能建構競爭優勢

　　「遺物整理業」在許多人的眼中，是一個艱苦、讓人不願意從事的行業，髒亂、恐怖、惡臭是工作中必然會遇到的事情。即便如此，Memories 公司從讓人覺得最難以克服的除臭問題著手，發展特殊的除臭技術，建立起自身的競爭優勢。而 Modecas 公司則是深刻理解小型清掃業者在經營上的難處，搭建線上平台串聯業者，協助業者弭平淡旺季工作量落差的問題，並為消費者解決「加價服務」的型態，採用空間大小統包報價的方式，讓價格更為透明，減少消費爭端，贏得客戶的青睞。只要用心經營與探索，遺物整理業也能發展出屬於自己的一片天。

結語

打造「不怕老」的
超高齡社會

11   同理高齡者需求，開創新經濟

11
同理高齡者需求，開創新經濟

　　台灣即將於 2021 年開始人口負成長，2026 年將達到 65 歲以上高齡人口占比超過 20% 的超高齡社會，屆時工作人口將會比現在更少也更老，孤老、獨居的情形會比現在更為嚴重。長壽而健康的老去是眾人的期待，也是龐大商場與商機之所在，市場雖仍在萌芽中，卻是今日企業不可忽視的未來。

害怕之所在，商機之所在

　　在過去長久以來的歲月中，高齡者從來都不是被重視消費族群，但在未來各行各業都應將商業的目光焦點，從年輕人、家庭族群的目標客群，轉向熟齡人士，不應該不懂他們。是該拋棄過去刻板印象的時刻了，新世代高齡者不僅比上世代高齡者更長壽、更健康、更富有，也更懂科技，顛覆了許多過去人們對於「老年人」的想像，也正因為長壽，沒有與子女同住或獨居的比例也將大幅攀升，因此商機開發的重點在於：幫他們維持健康、有收入、被需要、被重視、不怕獨自生活。

痛點是商業的來源，害怕是沒說出口的需求

在許多熟齡人士的心中，潛藏著許多小小的擔心、不安與害怕，這些害怕也隨著是獨居或與家人同住，是健康或經常生病，是剛退休或退休已久，是男性或女性而有所不同，可能是：怕哪天突然生病沒有人照顧、怕自己會失智、怕沒錢看不起病、怕退休金太少不夠用、怕租不到房子可以住、怕無聊沒人說話、怕整天沒事做只能發呆、怕被嫌棄、怕拖累老伴或子女、怕自己又老又醜、怕牙齒不好很難吃東西、怕出門旅遊會走不動、怕失能無法自理生活、怕死後不安、怕突然孤獨死等，如果能協助熟齡人士解除這些害怕，改善他們心中的痛點與不安，就能發掘出商機。

用他們懂的方式溝通，將會收獲更多商機

光是找到熟齡人士感覺害怕與不安的痛點，其實還只是掌握商機的第一步，企業需要將這些需求進行細部的梳理，找出適當的解決方案，才能開發出對的商品及服務。本書所介紹的案例中，有部分企業（如：Panasonic、資生堂、篤志丸等）以大規模的問卷調查、焦點團體討論、人物誌設計、深度訪談等方式來了解熟齡人士，但也有許多企業（如：留學 Journal 等）是經由長時間的顧客意見回饋中發掘熟齡商機，也有一部分的企業是出自創辦人（如：Ture Link Financial、Bspr 公司、R65 等）的個人經驗與創業前的悉心觀察，才逐漸領略了熟齡人士的需求。

有了好的產品，在銷售推廣的溝通方面，也是得再下一番努力才行。對於重視口碑效應的熟齡人士而言，聽到親友推薦會比店頭銷售員

舌燦蓮花的話術更具吸引力，因此書中的案例有提到，找尋形象相符的廣告代言人以意見領袖的方式進行新產品的溝通，或是以體驗、試用的型態讓熟齡人士親身體驗新產品為自己所帶來的改變（如：資生堂化妝品公司的 Life Quality Beauty Seminar 講座），當然也有案例（如：Club Tourism 旅行社）是以熟齡顧客來當銷售員的方式，堅信「只有熟齡人士最懂熟齡人士」。因此，積極的反問「什麼樣的商品開發與銷售關鍵點，可以滿足熟齡人士？」能讓企業更貼近熟齡人士的心。

也正是因為對熟齡人士有了深入的了解，才更加能深入思考，企業所創新的商品或服務是不是要貼上「老年人標籤」。本書中的案例也顯示，有些時候貼上老年人標籤，吸引了更多人的目光，如：永旺超市所經營的 G.G Mall、科樂美運動俱樂部所經營的 Oyz people、銀座第二人生、高齡社、Kewpie 的體貼菜單照護食、Cocolomi 的羈絆 plus 電話問安服務等，但有也些案例是採用「只做不說」的方式，如：Panasonic 的 J Conpect 系列商品、Club Tourism 旅行社、Mercai 二手拍賣等。

掌握 NABC 思維，進軍銀髮市場

當市場上的消費主力，由年輕人跟核心家庭，**轉變為獨居高齡者**時，生活與消費型態將顯現出截然不同的風貌，企業面對陌生的消費者——新世代高齡者，大多認識不深，以致不知如何進入市場。建議可以採取 NABC 思維法則，包括從消費者需求（Needs）著手、思考提供的解決方法為何（Approach）、這一個方法對使用者的益處是甚麼（Benefits）及與競爭者的差異在何處（Competition）等 4 點來思考如何進軍此一潛力領域。

1. 消費者需求的掌握（Needs）

首先應從消費者的需求開始著手。所謂「一樣米養百樣人」，這句話在熟齡市場中一樣適用。本書中的個案企業透過收集與分析熟齡人士的痛點，觀察生活習慣、興趣愛好、消費行為、生活經驗、社交網絡等訊息，精準且深入的認識熟齡人士，挖掘沒有被滿足的需求，以及生活中種種害怕、難為情與不安。

2. 滿足需求的獨特方法（Approach）

其次，應思考要滿足前面所挖掘出來的需求，公司能夠提出什麼樣的獨特方法？前面案例所介紹的 Panasonic 公司的 J Conpect 系列商品，便是透過研究調查與觀察年長者生活，傾聽年長者的抱怨，同理他們在生活中的擔心、害怕與不便，逐步理解出箇中道理，因此「如何」發掘出這些偏好及生活中的擔心、害怕，持續累積與深化這方面的經驗與知識，將其轉化為商品，就成了不能向外人說的商業訣竅。

而在提供這些方案時，也應考量如何跨域聯盟。由於為滿足熟齡人士需求，協助其克服生活中種種的害怕與不安的產品與服務，有時候超出創業者、企業本身既有的經驗、技術與知識範疇，單憑一己之力是無法成功，因此與其他人、機構、學術單位、政府部門、社福團體等的合作顯得更為重要，甚至是邀請熟齡人士一同參與產品與服務的設計、體驗測試，所做出來的產品往往也更能貼近年長者們的需求。

再者，從案例中也發現，有時為提供一項服務，得先幫忙解決其他數個問題，這些問題就得與其他業者一起跨領域合作，該服務才能順利被熟齡人士所接納。因此建構多元的合作網路關係，在產品與服務的設計、開發、供應上才能有機會發展出嶄新的商業模式，更具彈性的服務型態，為熟齡人士所接受。

3. 使用者的益處（Benefits）

公司針對使用者需求提出的方法或解決方案，帶給使用者甚麼益處？例如前述章節個案提及熟齡人士個體差異極大，有人70歲依然健步如飛，有人則需要他人攙扶，不過一旦要出門旅行，或多或少都會出現需要協助之處。為擴大對上述族群服務，消除生理的不安，Club Tourism 在 2015 年成立專職部門──Universal Design 旅行中心，考量輪椅、照護等高齡人士需求設計行程。例如安排有升降設備的遊覽車，為走路速度較慢的長者設計「悠閒行程」，或是在抵達休息站前發送成人尿布，提供旅伴協助搬運行李，幫助處理生活事務（互助旅遊模式）等。有些行程為了避免熟齡人士在混亂人群中受傷，甚至安排慶典舞者在室內表演祭典舞蹈，讓行動不便、部分生活需要協助的熟齡人士也能一起享受旅行樂趣，走出家門並留下美好回憶。

4. 與競爭者產品的差異（Competition）

針對高齡市場所推出的解決方案，也應同步進行競爭分析，跟競爭者的解決方案相較，我們的差異化在何處？是附加價值更高，更便利？還是成本更低？是否有進入門檻，很難模仿？都是要考慮的層面，免得很快就被模仿，甚至超越。

在地化是另一項挑戰

本書從幫助熟齡人士獨居生活角度，蒐集國外各行各業經營銀髮商機的案例，介紹了熟齡人士各種說出口、沒說出口的害怕、擔心、焦慮與不安，便是希望企業能從自身的行業出發，運用「以高齡者為中心移轉（Senior Shift）」的思維，開拓商機。眼下書中這些商業案例的成功

與獲利，並不能保證複製到台灣市場就能全然適用，應深切理解不同文化、不同世代、不同地區熟齡人士的需求差異，異業結盟合作發展嶄新的產品與服務模式，為那個高齡人數倍增，個人數位技能提升，AI 等先進 ICT 技術普及的未來，積極努力，切莫忘記，只要社會的高齡化持續演進，商機就會繼續存在。

做一個能「自我照顧」的新世代高齡者

為數眾多的新世代高齡者，即將陸續轉換身分，成為法定年齡上的老人──65 歲，也即將從自己熟悉的職場退休，展開 10 ～ 25 年左右的第二人生，摒除過去「養兒防老」的世代撫養觀念，成為自主獨立的自我照顧的新世代高齡者。

學習如何老去，迎接第二人生

許多新世代高齡者的父母親早年就因為戰亂、醫療不夠進步、公共衛生體系的不健全而離開人世，幸運的人即使父母親依舊健在，也常因為奉養及養育的生活壓力，沒有時間與經驗思考自己老後的生活安排。因此從職場上退休後，常常會生活頓失重心，不知道該如何自處，甚至是選擇待在家裡，不與社會人群互動。

若欲好好把握銀髮商機的企業，便應從幫助新世代高齡者安排第二人生的角度思考，協助其工作（就業、創業）、學習、娛樂、運動等，強化人際互動，避免發生社交隔離問題，讓新世代高齡者的第二人生能更加豐富且多采多姿的產品與服務，為長者創造新的生活目標，獲得成就感與自我肯定，達到活躍老化的目標。

學習自我照顧，為生活做好安排

　　既然知道獨居可能是老後的常態，子女不一定會與自己同住，另一伴也不一定能與自己終老，家庭功能弱化，「自我照顧」就成新世代高齡者應學習的生活技能與方式，因此無論是對自己的健康、資產、遺產、閒暇時間都應該有更好的安排，成為可以自我照顧的健康高齡者。

　　若欲好好把握銀髮商機的企業，便應從幫助新世代高齡者能實現自我照顧的角度思考，開發能強化熟齡人士自我照顧的商品及服務，協助其克服獨居生活中的種種不便，幫助其解決有關健康、生活面向的各種害怕與不安，重拾對生活的熱情與意義。

「青銀共創、跨齡共生」的未來生活

　　新世代高齡者是嬰兒潮世代，也是史上最富裕的一代，而少子化趨勢下出生的千禧世代，則是面對著高昂生活費、薪資倒退、房價飆漲等種種生活開支大舉攀升的一代，成長背景全然不同的兩個世代，並存於未來的超高齡社會中。

多世代共存的職場生態

　　千禧世代的年輕人約莫是在 2000 年左右逐漸步入職場，也很可能會因為退休制度的革新，面臨「繳多、領少、晚退」的情形，退休年齡的延後及長壽化的發展，使得千禧世代在職場上所面對的世代跨距也隨之拉大，可能包括嬰兒潮世代退休後又重回職場兼差的新世代高齡者，也包括一出生就離不開智慧型手機、平板電腦的 i 世代，乃至往後 30

年尚未出生的未來世代，多世代共存的職場生態，將成了超高齡社會必然的職場環境，千禧世代的年輕人必然得學會與不同世代的同事和平共處的能力與方法，考驗著各世代主管的領導智慧。

青銀共創、跨齡共生

有鑑於消費市場中不可忽視的熟齡人口大幅攀升，成為超高齡社會的消費主力之一，開發能滿足其需求的商品成為各企業爭相投入的重點領域。但對多數的企業而言，沒有經營熟齡客群的經驗是讓企業裹足不前的原因之一，商品的企劃與研發人員也都沒有經驗。從本書的案例中也可發現，許多企業在產品與服務開發的階段，都採納了熟齡人士的意見，或邀請熟齡人士參與其中，以年輕與熟齡世代間的相互交流與合作的方式，開發出能滿足熟齡人士需求的嶄新產品與服務，為企業創造出不同以往的品牌與市場價值，也為年輕世代創造更多的工作機會，掌握銀髮商機，開拓孤老經濟，透過青銀間的世代合作，更能開展世代共融的新契機。

電子書
免費下載

國際大廠與新創虛擬醫療
助理應用探討

國家圖書館出版品預行編目資料

不老經濟：同理新世代高齡者6大「怕」點X精選40個商業實例,成功
開創銀色新商機 / 詹文男等合著. -- 初版. -- 臺北市：
商周出版：家庭傳媒城邦分公司發行, 民109.05
面； 公分. --
ISBN 978-986-477-846-1（平裝）

1. 企業經營 2. 產業發展 3. 高齡化社會

494.2   109006213

不老經濟：

同理新世代高齡者6大「怕」點X精選40個商業實例，
成功開創銀色新商機

作　　　　者 / 詹文男、高雅玲、劉中儀、侯羽穎
文 稿 統 籌 / 萬岳憲
責 任 編 輯 / 劉俊甫

版　　　　權 / 黃淑敏、翁靜如
行 銷 業 務 / 莊英傑、黃崇華、周佑潔、周丹蘋
總 編 輯 / 楊如玉
總 經 理 / 彭之琬
事業群總經理 / 黃淑貞
發 行 人 / 何飛鵬
法 律 顧 問 / 元禾法律事務所　王子文律師
出　　　　版 / 商周出版
　　　　　　　城邦文化事業股份有限公司
　　　　　　　臺北市中山區民生東路二段141號9樓
　　　　　　　電話：(02) 2500-7008 傳真：(02) 2500-7759
　　　　　　　E-mail：bwp.service@cite.com.tw
　　　　　　　Blog：http://bwp25007008.pixnet.net/blog
發　　　　行 / 英屬蓋曼群島商家庭傳媒股份有限公司城邦分公司
　　　　　　　臺北市中山區民生東路二段141號2樓
　　　　　　　書虫客服服務專線：(02) 2500-7718 · (02) 2500-7719
　　　　　　　24小時傳真服務：(02) 2500-1990 · (02) 2500-1991
　　　　　　　服務時間：週一至週五上午09:30-12:00；下午13:30-17:00
　　　　　　　郵撥帳號：19863813　戶名：書虫股份有限公司
　　　　　　　讀者服務信箱E-mail：service@readingclub.com.tw
　　　　　　　歡迎光臨城邦讀書花園 網址：www.cite.com.tw
香 港 發 行 所 / 城邦（香港）出版集團有限公司
　　　　　　　香港灣仔駱克道193號東超商業中心1樓
　　　　　　　電話：(852) 2508-6231　傳真：(852) 2578-9337
　　　　　　　E-mail：hkcite@biznetvigator.com
馬 新 發 行 所 / 城邦（馬新）出版集團【Cité (M) Sdn. Bhd】
　　　　　　　41, Jalan Radin Anum, Bandar Baru Sri Petaling,
　　　　　　　57000 Kuala Lumpur, Malaysia
　　　　　　　電話：(603) 9057-8822　傳真：(603) 9057-6622
　　　　　　　Email：cite@cite.com.my

封 面 設 計 / 李東記
排　　　　版 / 新鑫電腦排版工作室
印　　　　刷 / 高典印刷有限公司
經 銷 商 / 聯合發行股份有限公司
　　　　　　　電話：(02) 2917-8022　傳真：(02) 2911-0053
　　　　　　　地址：新北市231新店區寶橋路235巷6弄6號2樓

■2020年（民109）6月4日初版1刷
■2022年（民111）6月6日初版5.1刷
定價 450 元

Printed in Taiwan
城邦讀書花園
www.cite.com.tw

廣	告	回	函
北區郵政管理登記證			
台北廣字第000791號			
郵資已付，免貼郵票			

104台北市民生東路二段141號2樓

英屬蓋曼群島商家庭傳媒股份有限公司　城邦分公司

請沿虛線對摺，謝謝！

書號：BT1002	書名：不老經濟	編碼：

讀者回函卡

感謝您購買我們出版的書籍！請費心填寫此回函卡，我們將不定期寄上城邦集團最新的出版訊息。

不定期好禮相贈！
立即加入：商周出版
Facebook 粉絲團

姓名：＿＿＿＿＿＿＿＿＿＿＿＿＿＿＿＿＿＿ 性別：□男 □女

生日：西元＿＿＿＿＿＿年＿＿＿＿＿月＿＿＿＿＿日

地址：＿＿＿＿＿＿＿＿＿＿＿＿＿＿＿＿＿＿＿＿＿＿＿＿

聯絡電話：＿＿＿＿＿＿＿＿＿＿ 傳真：＿＿＿＿＿＿＿＿＿

E-mail：

學歷：□ 1. 小學 □ 2. 國中 □ 3. 高中 □ 4. 大學 □ 5. 研究所以上

職業：□ 1. 學生 □ 2. 軍公教 □ 3. 服務 □ 4. 金融 □ 5. 製造 □ 6. 資訊

　　　□ 7. 傳播 □ 8. 自由業 □ 9. 農漁牧 □ 10. 家管 □ 11. 退休

　　　□ 12. 其他＿＿＿＿＿＿＿＿＿＿＿＿＿＿＿＿＿

您從何種方式得知本書消息？

　　　□ 1. 書店 □ 2. 網路 □ 3. 報紙 □ 4. 雜誌 □ 5. 廣播 □ 6. 電視

　　　□ 7. 親友推薦 □ 8. 其他＿＿＿＿＿＿＿＿＿＿

您通常以何種方式購書？

　　　□ 1. 書店 □ 2. 網路 □ 3. 傳真訂購 □ 4. 郵局劃撥 □ 5. 其他＿＿＿＿

您喜歡閱讀那些類別的書籍？

　　　□ 1. 財經商業 □ 2. 自然科學 □ 3. 歷史 □ 4. 法律 □ 5. 文學

　　　□ 6. 休閒旅遊 □ 7. 小說 □ 8. 人物傳記 □ 9. 生活、勵志 □ 10. 其他

對我們的建議：＿＿＿＿＿＿＿＿＿＿＿＿＿＿＿＿＿＿＿＿＿＿

＿＿＿＿＿＿＿＿＿＿＿＿＿＿＿＿＿＿＿＿＿＿＿＿＿＿＿＿＿＿＿＿

＿＿＿＿＿＿＿＿＿＿＿＿＿＿＿＿＿＿＿＿＿＿＿＿＿＿＿＿＿＿＿＿